大学生生态文明
教育与管理研究

张纯　王涛　著

中国商务出版社
CHINA COMMERCE AND TRADE PRESS

图书在版编目(CIP)数据

　　大学生生态文明教育与管理研究/张纯,王涛著
.--北京:中国商务出版社,2019.9
　　ISBN 978-7-5103-3032-2

　　Ⅰ.①大… Ⅱ.①张… ②王… Ⅲ.①生态文明—教
学研究—高等学校 Ⅳ.①B824.5

　　中国版本图书馆 CIP 数据核字(2019)第 174293 号

大学生生态文明教育与管理研究
DAXUESHENG SHENGTAI WENMING JIAOYU YU GUANLI YANJIU

张 纯　王 涛　著

出　　　版:中国商务出版社
地　　　址:北京市东城区安定门外大街东后巷 28 号
邮　　　编:100710
责任部门:职业教育事业部(010-64218072　295402859@qq.com)
责任编辑:周　青
总 发 行:中国商务出版社发行部(010-64208388　64515150)
网　　　址:http://www.cctpress.com
邮　　　箱:cctp@cctpress.com
照　　　排:北京亚吉飞数码科技有限公司
印　　　刷:北京亚吉飞数码科技有限公司
开　　　本:787 毫米×1092 毫米　1/16
印　　　张:15　　字　　数:194 千字
版　　　次:2020 年 3 月第 1 版　　2020 年 3 月第 1 次印刷
书　　　号:ISBN 978-7-5103-3032-2
定　　　价:72.00 元

前　　言

在过去的一百年间,由于人类盲目和过度的生产活动,致使生态失调恶性发展,我们赖以生存的环境遭受到严重的破坏。为了应对并解决生态危机问题,人类进行了深刻的反思与变革。生态文明作为人类文明发展史上的新坐标,承载着引导人们遵循人与自然万物"平等互利、和谐发展"这一客观规律的重任,积极推行生态文明建设成为保持人类文明健康永续发展的重要手段。生态文明教育作为生态文明建设理念的主要宣传手段和传播方式,对教育主、客体的发展层次都提出了更高要求。大学生作为我国新时代建设具有中国特色社会主义的主力军,他们所属的道德层次不仅是对我国高等教育整体成效的直面反馈,更能成为未来社会主义精神文明发展的风向标,进而影响着社会生态伦理环境。因此,在党和政府制定的"全面建成小康社会"战略引导下,针对大学生的生态文明教育必将成为加快生态文明建设的催化剂,同时形成生态意识、养成思维定式和行为习惯是时代对大学生提出的新要求,是大学生立足于世、造福社会的必备品质。

本书从我国高校开展大学生生态文明教育,以解决严峻的生态问题为背景出发,提出大学生生态文明教育不仅有助于推进高校生态文明建设,满足大学生思想政治教育的内在要求,还有助于促进大学生的全面发展,因此高校在加强大学生生态文明教育的基础上还要注重开展大学生生态文明教育与管理工作。具体来说,本书第一章着重阐述了我国大学生生态文明教育所涉及的马克思主义理论基础,归纳和概括了传统文化中道家、儒家、佛家的生态文化思想,并扬弃性地梳理和借鉴了西方生态马克思主义思想的理论精髓。第二章分析了全球生态危机问题以及大学生生态文明教育兴起和发展的历程,提出大学生作为青年中的先进代表在生态文明建设中具有的重要作用,以及我国开展大学生生态文明教育的紧迫性和我国大学生生态文明教育已取得的成就。第三章在借鉴实证研究数据的基础上,分析整理了我国大学生生态文明教育存在的问题及成因。依据问卷数据并结合实际研究,书中总结出我国大学生生态文明教育存在的五个方面问题:大学生生态文明素养有待进一步提高、高校对生态文明教育的重视程度有待进一步加强、大学生生态文明教育的内容不够系统深入、大学生生态文明教育的方式方法不够科学并缺乏多样性、大学生生态文明教育的实践不够全面深入。究其成因,本书进一步从国家方面、社会方面、高校方面、家庭方面、大学生自身五个层面对其展开分析。第四章在总结上一章内容的基础上提出了我国大学生生态文明教育的理念、目标和原则并进行了相关阐释。书中首先深入挖掘了大学生生态文明教育的理念,提出将大学生生态文明教育的主要理念定位于绿色发展理念、全面发展理念和知行统一理念三个方面的内容上。然后论述了我国大学生生态文明教育的培养目标以及大学生生态文明教育应遵循的原则。第五章首先总结归纳了我国大学生生态文明教育的六方面基本内容,然后以大学生生态文明素养发展的现状和我国生态文明建设的具体要求为依据,构筑我国大学生生态文明教育的具体路径。第六章论述了大学生生态文明教育科学管理的相关内容,书中首先提出了大学生生态文明教育管理的目标,然后从专业化管理、发展性管理、动态性管理三个方面阐释了我国大学生生态文明教育管理队伍的建设工作,提出构建我国大学生生态文明教育管理的三种模式,即全面素质型管理、民主制度型管理、网络技术型管理。最后,作者提出在深入学习领会践行党的十九大精神的基础上,高校应通过加强大学生生态文明教育与管理工作,认真学习贯彻习近平生态文明思想,加快推进我国生态文明建设,使广大大学生以及大学生生态文明教育与管理工作者正确认识人与自然的关系,做到人与自然和谐共生,帮助大学生自觉树立生态文明观念,践行爱护环境、保护生态的责任和义务,以期共筑未来"美丽中国"的宏伟愿景。

本书是哈尔滨商业大学博士科研启动金项目"新时代大学生思想政治教育研究"(项目编号:2019DS068)的阶段性研究成果;黑龙江省哲学社会科学研究项目"以五大发展理念引导龙江经济振兴背景下地方高校人才培养模式研究"(项目编号:16KSE09)的最终研究成果,书稿大多是在我博士论文的基础上修改、拓展而完成的。在博士论文撰写期间,我的导师徐晓风教授给予了我悉心的指导,哈尔滨师范大学王福兴教授、刘忠效教授、栗守廉教授或为我传授知识,或对我的论文写作提出宝贵的指导意见。我的爱人哈尔滨商业大学王涛同志与我共同完成了本书的资料收集、部分书稿撰写和修改工作。在此,作者一并对他们表示诚挚的谢意。

庄子云:"吾生也有涯,而知也无涯"。作者深知,大学生生态文明教育与管理的研究是一个与时俱进的宏大课题,本书的写作虽然竭尽心智,然而由于写作时间比较仓促,相关文献资料还有待更加充分,相关内容还需要精挑细琢,存在的纰漏和不足之处,诚盼专家和读者批评指正,以作为我们进一步研究的借鉴。

张　纯

2019 年 6 月

目　　录

导　论

"走向生态文明新时代,建设美丽中国,是实现中华民族伟大复兴的中国梦的重要内容。中国将按照尊重自然、顺应自然、保护自然的理念,贯彻节约资源和保护环境的基本国策,更加自觉地推动绿色发展、循环发展、低碳发展,把生态文明建设融入经济建设、政治建设、文化建设、社会建设各方面和全过程,形成节约资源、保护环境的空间格局、产业结构、生产方式、生活方式,为子孙后代留下天蓝、地绿、水清的生产生活环境。"①这是 2013 年 7 月习近平同志致生态文明贵阳国际论坛年会的贺信。习总书记的贺词振奋人心,让我们看到未来中国生态文明建设的伟大图景。当前,大力推进我国生态文明建设,贯彻绿色发展理念,坚持人与自然和谐共生,建设美丽中国,为人民创造良好生产生活环境,是全社会共同参与、共同建设、共同享有的崇高事业。

大学生是青年中的佼佼者,是我国未来发展的承担者,肩负着建设社会主义国家的重任。在我国推进绿色发展,加快生态文明体制改革,建设美丽中国的关键时期,需要关注大学生生态文明素养的提升,对大学生生态文明行为进行引导。因此,一方面需要我们研究大学生生态文明教育的内容和方法,指导大学生生态文明的实践,有利于我国大学生树立正确的生态文明观念,培养健康的环境保护行为,成为国家乃至全球生态文明建设的重要参与者、贡献者、引领者。另一方面,需要我们制定科学的大学生生态文明教育管理模式,即通过合理的调整与建设大学生生态文明教育队伍,最大限度地充分利用投入到大学生生态文明教育过

---

① 习近平向生态文明贵阳国际论坛 2013 年年会致贺信强调"携手共建生态良好的地球美好家园"[J]. 吉林环境,2013(05).

程中的人力、物力以及财力等教育辅助力量,从而有效地依托大
学生生态文明教育过程中各种有利条件,高效率地实现大学生生
态文明教育管理目标。

一、大学生生态文明教育与管理的研究背景和意义

(一)问题的提出

1. 我国生态问题的现状分析

改革开放以来,我国经济实现大跨越发展并保持快速增长,
商品和服务实现了由短缺到充裕的巨大转变。国民不仅解决了
温饱问题,还成功地实现了生活水平质的提高。然而,人们在享
受经济高速增长所带来成果的同时,也在经历着生态环境恶化所
带来的恶果。高消耗、高污染、高投入的生产方式给我国的生态
环境带来了极大的破坏。能源资源短缺危机、环境严重污染危
机、极端气候变化频发危机、人口过剩危机,直接影响了人们的健
康生活。生态环境问题已经成为影响中国未来发展最严重的挑
战之一。中华人民共和国环境保护部发布的"2016 中国环境状况
公报"调查结果显示,"2016 年,在全国 338 个地级以上城市中,仅
有 84 个城市环境空气质量达标,占城市总量的 24.9%;而剩余的
254 个城市环境空气质量则严重超标,占到城市总量的 75.1%"。
474 个监测降水的城市(区、县)中,酸雨频率平均值为 12.7%,出
现酸雨的城市比例为 38.8%。酸雨区面积约 69 万平方千米,占
国土面积的 7.2%。地下水评价结果显示,优良级占 10.1%、良
好级占 25.4%、较好级占 4.4%、较差级占 45.4%、极差级占
14.7%。土壤侵蚀总面积 294.9 万平方千米,占普查范围总面积
的 31.1%。其中,水力侵蚀 129.3 万平方千米,风力侵蚀 165.6
万平方千米。截至 2014 年,全国荒漠化土地面积 261.16 万平方
千米,沙化土地面积 172.12 万平方千米。在自然生态方面,2015
年我国 2591 个县域中,生态环境质量"优"和"良"的县域占国土

面积的 44.9％，"较差"和"差"的县域占 32.9％。在生物多样性方面，发现 560 多种外来入侵物种，且呈逐年上升趋势。[①]虽然我国政府已经意识到生态环境保护的重要性，并着手进行相关治理和整顿，但是我国的自然生态、资源物产消耗、极端气候问题仍然十分严峻，这些问题的解决迫在眉睫。

2. 生态问题是人与人、人与自然的关系问题

决定人类文明发展的因素不单单取决于自然因素，或者是人的因素，更重要的是取决于人类社会的实践活动，尤其是生产实践活动。马克思在《1844 年经济学哲学手稿》《资本论》《关于费尔巴哈的提纲》等著作中都曾对在生产实践基础上，自然、社会与人的辩证统一关系进行过分析，并揭示了人与自然关系的实践本质以及社会生活的实践本质。一方面，马克思认为人来自于自然，存在于自然，是自然的一部分。另一方面，他认为由于人所具有的能动的实践活动，人与自然的关系实际表现为人化自然的关系。"人化自然"即人们在社会实践过程中形成的生态环境成果，其具有二重性：一是人类经过实践活动改造好的部分，这有利于人与自然的发展，最终形成积极成果；二是人类经过实践活动破坏自然的情况，即产生消极后果，更加严重的消极后果就会导致生态危机。马克思认为："劳动本身，不仅在目前的条件下，而且就其一般目的仅仅在于增加财富而言，在我看来是有害的、招致灾难的，这是从国民经济学家的阐发中得出的，尽管他并不知道这一点。"[②]马克思的观点告诉我们，由于资本主义的所有制形式是私有制，人们对物的欲望不断增大，资本主义生产以营利为目的，对于在资本主义生产劳动过程中所造成的后果毫不关心，所以资本主义的生产方式必然会造成对环境的破坏，从而导致生态问题的发生。资本主义所有制的矛盾问题归根结底就是人与人、人与自然之间的矛盾问题。资本主义的本质没有改变，资本主义

---

① 中华人民共和国环境保护部．2016 中国环境状况公报［R］．2017－5－31.
② 马克思．1844 年经济学哲学手稿［M］．北京：人民出版社，2000.

生产对生态环境的破坏就不会改变,全球生态问题就难以解决。

3. 我国高校教育面临的新课题

事实上,人与自然之间的矛盾问题,都是以人类为中心的。为解决生态问题,缓解人与人、人与自然之间的矛盾,加强公民尤其是公民中优秀青年人才——大学生的教育,提升他们的生态环境保护意识,增强其环境保护能力,引导大学生积极参与到生态环保事业中,一直以来我国政府是通过推进国家教育政策和教育观念,尤其是积极推进大学生生态文明教育的研究和开展来努力实现的。自1973年第一次全国环境会议以来,我国政府就高度重视学生生态教育,还将此项内容作为素质教育的一部分。20世纪90年代我国将生态教育列为国情教育的重要内容。进入21世纪,生态教育也多次在党和政府的发展战略中被提及。2003年教育部印发了《中小学生环境教育专题教育大纲》,指导并规定了如何促进中小学生掌握环境知识、养成生态保护意识等项内容,这为我国大学生生态文明教育的从小培养打下了坚实的基础。2005年我国又颁布了《国务院关于落实科学发展观加强环境保护的决定》,文件中明确提出要加强环境宣传教育,弘扬环境文化,倡导生态文明,这标志着我国加强对生态文明教育工作的重视。2011年我国环境保护部联合其他部委发布了《全国环境宣传教育行动纲要(2011—2015年)》,纲要中明确提出了要加强基础教育、高等教育阶段的环境教育和行业职业教育,并推动将环境教育纳入国民素质教育的进程。2016年,环境保护部联合其他部委继续发布《全国环境宣传教育工作纲要(2016—2020年)》,再次提出我国要进一步加强生态环境保护宣传教育工作,增强全社会生态环境保护意识,牢固树立绿色发展理念,坚持"绿水青山就是金山银山"的重要思想,全面推进生态文明建设。同时,纲要中还指出鼓励高校开设环境保护选修课,建设或选用环境保护在线开放课程,积极支持大学生开展环保社会实践活动。至此,我国的生态文明教育正在蓬勃兴起并引起社会各界广泛关注,然而相对于在大学生中广泛开展的思想政治教育而言,大学生生态文明教育还是一种全新教育。当前,我国在高校教育中如何把握大学生的生态意识情况、引导大学生直面生态环境问题、培养大学生的生态文明观念和行为习惯,拓宽大学生生态文明教育的方法与途径,广泛而深入地开展大学生生态文明教育,将成为我国高等教育面临的新课题。

4. 我国高校教育管理模式的不合理性

根据现有我国教育管理模式来说,大多数的高校开展大学生生态文明教育仅是单纯地将其融入思想政治教育课程中,旨在将大学生生态文明教育作为更好地对学生进行思想政治教育的一种补充,从而实现教育任务。但实际上像这样的教育管理模式是不合理的也是不科学的,在现实教育教学管理运行当中,由于高校没有针对大学生生态文明教育设置单独的教学课程,因此相关教学教师无法统一认识,也就无法进一步加强推进实施大学生生态文明教育计划和任务。致使在教育教学管理的过程中,各有关教学部门及教师之间,针对大学生生态文明教育这一主题与任务,缺少必要的沟通交流与互相探讨的热情,严重影响高校开展大学生生态文明教育的成效。此外,各相关部门之间在资源的配置上也存在不合理的问题,导致开展大学生生态文明教育的问题不断积压,不良影响逐渐扩大。另外,在高校进行大学生生态文明教育的过程中一味地采取以任课教师来对学生进行思想政治教育的"填鸭式"教学模式,却忽视了大学生自身的主观能动性作用。这种模式容易使学生感受到管束的压抑,无法让其自我发挥管理作用,并且还非常容易导致学生的个人认知、思想三观以及学习热情得不到有效的保护。此外,这种教育管理方式,与当下所提倡的生态文明发展理念不契合,致使学生对生态文明的理解与创新方面附着上沉重的枷锁,这也与高校开展大学生生态文明教育工作需实现的目标相脱离,不利于学生的生态文明思想形成与发展。对于大学生生态文明教育取得的效果没有做到及时地传达与分析,而对学生生态文明思想形成状况的实时分析是生态文明教育管理工作的核心组成。因此,生态文明教育工作人员须加强对这方面的重视程度。但就目前的大学生生态文明教育管理现状来看,在我国大部分的高校面向大学生生态文明教育的教学及管理人员没有及时对于相关数据进行全面性的实时反馈及分析,从而导致生态文明教育管理机构也无法找到教育教学的关键所在,进而无法有效地对大学生生态文明教育过程中所产生的问题进行分析及解决。其中有一小部分高校,只针对生态文明教育的现状做出比较片面性的反馈,无法做到以点带面,只能是以偏概全,严重影响大学生生态文明教育的开展进程。因此在这种教育管理模式下,高校从事大学生生态文明教育的教学管理人员无法有针对性地对学生在学习的过程中产生的问题进行有效的指导分析。在从事大学生生态文明教育教学教师管理方面,由于大多数高校抽调的是思想政治教育教学领域的教师,因此仍多数采取思想政治教育课程的教育教学方式,即以传递各种思想政治观念、基本法律常识的"单向式"教育教学模式,缺乏与学生的互动与探讨,容易使学生形成一种"被迫式"的学习感知,致使学生的个人生态文明意识得不到有效的形成,严重阻碍了生态文明教育在高校大学生群体中的开展。这种教育管理模式不符合当下加快开展高校大学生生态文明教育理念的工作要求,甚至造成不利影响。

(二)研究的意义

1. 开展大学生生态文明教育是高校推进生态文明建设的首要任务

党的十九大报告指出:"推进资源全面节约和循环利用,实施国家节水行动,降低能耗、物耗,实现生产系统和生活系统循环链接。倡导简约适度、绿色低碳的生活方式,反对奢侈浪费和不合理消费,开展创建节约型机关、绿色家庭、绿色学校、绿色社区和绿色出行等行动。"①这说明党和政府高度重视生态文明建设,在十九大报告中为我们详细地阐述了我国开展生态文明建设的具体行动措施、内容以及开展此项工作主要的实施对象。无论从绿色家庭——大学生生态文明教育的起点,到绿色学校——大学生生态文明教育的中坚力量,还是到节约型机关、绿色社区——大学生生态文明教育的延伸区域。当前,高校大力开展大学生生态文明教育是推进生态文明建设的首要任务。首先,高校开展大学生生态文明教育有助于大学生系统学习生态文明建设的各项内容和政策措施。从十八大报告中提出的"建设中国特色社会主义,全面落实经济建设、政治建设、文化建设、社会建设、生态文明建设五位一体"②总体布局的重要内容,到十九大报中的"加快生态文明体制改革,建设美丽中国"的基本方略,无不凝练着国家对我国生态环境保护、生态文明建设的重要思想和基本路线。高校通过开展各项有关生态文明建设和环境保护的相关课程以及活动,可以帮助大学生深刻学习和领会国家的政策方针以及成才后开展生态文明建设的方式方法,从而从更高层次更加专业的角度来处理国家的有关环境保护和生态文明建设的重要问题。其次,高校开展大学生生态文明教育有助于大学生践行生态文明建设的相关内容。大学生是社会生活中最具行动力、思维最具活力的群体,高校开展大学生生态文明教育,在各项主题活动、社团活动以及志愿服务活动中为大学生提供接触自然、观察自然、了解自然、认识自然、发现自然环境恶化、保护自然的行动机会,使他们从更加直观的角度来看待生态环境问题、深刻体会生态环境保护和生态文明建设的重要性,从而提升他们成才后保护生态环境的行为能力。最后,高校开展大学生生态文明教育有助于大学生树立生态文明观。十九大报告中指出:"我们要牢固树立社会主义

---

　　① 习近平.决胜全面建成小康社会 夺取新时代中国特色社会主义伟大胜利——在中国共产党第十九次全国代表大会上的报告[M].北京:人民出版社,2017.

　　② 胡锦涛.坚定不移沿着中国特色社会主义道路前进 为全面建成小康社会而奋斗——在中国共产党第十八次全国代表大会上的报告[M].北京:人民出版社,2012.

生态文明观,推动形成人与自然和谐发展现代化建设新格局,为保护生态环境作出我们这代人的努力!"①大学阶段是一个人世界观、人生观、价值观塑造和成型的重要阶段,高校的教育工作者们肩负着重要的教育和指导责任。高校积极开展大学生生态文明教育工作,正是在从专业、科学的角度引导大学生牢固树立社会主义生态文明观。这项工作不仅是利在当代更是功在千秋的一项重要使命,它关系到整个社会乃至国家未来的发展。因此,我们要高度重视高校大学生生态文明教育工作的开展。

2. 大学生生态文明教育是高校开展思想政治教育的内在要求

中共中央国务院《关于进一步加强和改进大学生思想政治教育的意见》中指出:"大学生是十分宝贵的人才资源,是民族的希望,是祖国的未来。加强和改进大学生思想政治教育,提高他们的思想政治素质,把他们培养成中国特色社会主义事业的建设者和接班人,对于全面实施科教兴国和人才强国战略,确保我国在激烈的国际竞争中始终立于不败之地,确保实现全面建设小康社会、加快推进社会主义现代化的宏伟目标,确保中国特色社会主义事业兴旺发达、后继有人,具有重大而深远的战略意义。"②当前面对国内外的新情况、新问题,我国大学生思想政治工作还存在不少薄弱环节。生态环境的日益恶化、极端气候现象频发、大气污染严重等问题的出现,都有待高校的教育管理工作与国内外生态环境形势的变化发展相适应。加强和改进大学生思想政治教育工作,增强大学生生态文明教育的投入力度,大力培养大学生生态文明观和生态文明习惯,日益成为高校开展思想政治教育的重要内容。第一,开展大学生生态文明教育为高校思想政治教育注入新的内容。党的十八大以来,以习近平为核心的党中央高度

---

① 习近平.决胜全面建成小康社会 夺取新时代中国特色社会主义伟大胜利——在中国共产党第十九次全国代表大会上的报告[M].北京:人民出版社,2017.

② 中共中央国务院.关于进一步加强和改进大学生思想政治教育的意见[Z].2004-10-15.

重视生态文明建设,坚持把生态文明建设作为统筹推进"五位一体"总体布局的重要内容。大学生是我国未来经济社会发展的核心动力,培养大学生的生态文明忧患意识,增强其保护环境、爱护自然的责任感和生态文明观念成为高校思想政治教育工作的重要内容之一。因此,高校积极组织开展大学生生态文明教育既是对传统高校思想政治教育工作的继承和延续,又为今后的教育工作注入了崭新的教育内容和教育思路。第二,开展大学生生态文明教育有助于拓宽高校思想政治教育的思路。高校大学生思想政治教育工作主要包括培养大学生个人的理想信念、人生观、价值观、思想品德修养、政治立场与政治态度、法律意识与伦理思想等方面的品德和素养,而大学生生态文明教育则是引导大学生从人与人、人与自然的生态观念出发来处理生态环境保护问题,通过不断提高大学生的生态文明思想觉悟和培养他们的生态文明行为习惯,力图提升他们的生态文明素养,帮助他们形成更加全面、公正、系统的保护环境、爱护环境的思维方式、生活方式和行为习惯。因此,将大学生生态文明教育融入高校思想政治教育工作中,不仅满足了当前我国高校思想政治教育发展的内在要求,也为高校开展大学生思想政治教育工作拓宽了新思路。

3. 开展大学生生态文明教育是促进大学生全面发展的重要途径

2004 年中共中央国务院出台的《关于进一步加强和改进大学生思想政治教育的意见》中指出:"加强和改进大学生思想政治教育的主要任务是以大学生全面发展为目标,深入进行素质教育,引导大学生勤于学习、善于创造、甘于奉献,成为有理想、有道德、有文化、有纪律的社会主义新人。"①高校开展大学生思想政治教育是以促进和实现大学生的全面发展作为重要目标的。传统意义上实现大学生的全面发展应该注重其思想观念、文化素质、道德修养、实践创新能力等各方面的充分、自由与和谐发展,很少涉

---

① 中共中央国务院. 关于进一步加强和改进大学生思想政治教育的意见[Z]. 2004-10-15.

及大学生的生态文明教育,然而2017年国家教育事业发展"十三五"规划文件中指出:"增强学生生态文明素养是学校全面落实立德树人的根本任务之一。"强调大学生生态文明教育是实现大学生综合素质全面提高的必要条件,是高校全面落实思想政治教育工作的重要基础,对生态文明相关知识的认识和践行成为大学生全面发展的基本内容之一。生态文明教育倡导学生养成"热爱自然、珍惜生命、节约资源、保护环境"的生态文明观念,大学生面对社会中各种过度消费、奢侈浪费现象,缺乏正确认识和处理此类问题的能力,高校开展生态文明教育不仅能够帮助大学生正确认识这些问题,还能促进他们树立科学的人生观和价值观,避免受到社会中的功利主义、个人主义和利己主义思想的影响。同时,大学生通过在学校里对环境保护知识以及生态文明政策的学习,可以提升其综合文化素养,拓宽其看待生态危机问题的思路和角度,促进他们更多地关注全国乃至世界的经济、政治、文化、生活以及生态方面的问题,了解生态环境的现状,提高其自身的环保意识和生态文明素养,增强其建设社会主义祖国的自信。此外,生态文明教育还教育大学生在处理问题的时候要把局部利益和整体利益、民族利益和全人类的利益、当代人的利益和子孙后代的利益统一在一起。在遵守一系列政策、法规、准则的前提下,履行公民的职责和义务,增强其关爱环境和保护环境的意识,鼓励他们做事不急于求成。这些教育内容都是社会主义、集体主义观念的重要体现,为当代大学生今后融入社会、适应社会提供了必不可少的道德教育和思想指导。因此,高校加强对大学生的生态文明教育,提高大学生的生态文明意识和生态文明素养,是促进大学生自我成长和全面发展的重要途径和必要条件。

二、大学生生态文明教育与管理的国内外研究现状

(一)国内研究现状

我国关于生态文明教育及管理的研究,与国外相比起步较

晚。随着国家对于生态环境问题的逐渐重视，生态文明教育及其相关领域研究也取得了一些成果，但研究理论还不够深入，研究成果还不够全面。总之，对这一课题相关性的研究仍存在较大空间。

中国知网（CNKI）的查询结果显示，以"大学生生态文明教育与管理"关键字为索引的期刊、硕博论文共计 916 篇。查阅相关文献发现，针对大学生生态文明教育的研究，国内专家学者从不同角度进行了阐述与分析，这些研究可以归纳为：国家对于大学生生态文明教育支持政策的相关研究；开展大学生生态文明教育的必要性研究；大学生生态文明教育现状与问题研究；提升大学生生态文明教育方法的研究以及大学生生态文明教育的其他方面研究；关于大学生思想政治教育管理方面的研究。

1. 国家对于大学生生态文明教育支持政策的相关研究

近些年，我国十分关注生态文明建设的问题。在十五大报告中将"可持续发展"战略确定为我国今后的发展目标，并明确提出"保护环境"作为我国的一项基本国策[①]；在十六大报告中提出要不断增强可持续发展能力，促使生态环境得以改善，资源的利用率得以提高，最终形成人与自然的和谐关系，并将此项任务作为全面建设小康社会的目标之一[②]；在十七大报告中提出要始终坚持走生态良好的文明发展道路，不断完善保护生态和节约能源的法律法规，使人民群众在良好的生态环境中生活，并且在实现全面建设小康社会目标新要求中首次提出了"生态文明"这一概

---

① 江泽民．高举邓小平理论伟大旗帜，把建设有中国特色社会主义事业全面推向二十一世纪——在中国共产党第十五次全国代表大会上的报告[M]．北京：人民出版社，1997.

② 江泽民．全面建设小康社会，开创中国特色社会主义事业新局面——在中国共产党第十六次全国代表大会上的报告[M]．北京：人民出版社，2002.

念①；在十八大报告中历史性地将"大力推进生态文明建设"这一主题，作为单独章节大篇幅地进行阐述，确定了以"优化国土空间开发格局、全面促进资源节约、加大自然生态系统和环境保护力度以及加强生态文明制度建设"为核心的实施方案②。在十九大报告中也多次提到"生态文明建设"这一主题，报告中首先肯定了过去五年在生态文明建设中所取得的成绩，并提出要始终坚持人与自然的和谐共生、坚持新发展理念，建设美丽中国，为人民创造良好的生产生活环境，为全球安全作出贡献③。从以上党和国家层面的大政方针政策可以看出，以"生态文明建设"为核心的国家可持续发展战略，将作为国家今后以及未来长期的重要战略布局之一。因此，对于探索我国"大学生生态文明教育"这一课题提供了有力的政策支持与保障。

2. 开展大学生生态文明教育的必要性研究

从大学生生态文明教育的必要性来看，我国学者们普遍认为大学生作为相对地位较特殊的社会群体，在社会发展中起到主导作用。因此，大学生的生态文明观念，可以直接影响到改善和保护生态环境这一重要决策的发展趋势。即大学生生态文明教育是加强生态文明建设的重要环节。张博强认为大学生生态文明教育是思想政治教育的重要组成部分，它有利于提高大学生的修养；提升大学生的综合素质；全面培养大学生的能力。④张乐民认为，当代大学生生态文明教育是符合建设"美丽中国"的时代主

---

① 胡锦涛．高举中国特色社会主义伟大旗帜，为夺取全面建设小康社会新胜利而奋斗——在中国共产党第十七次全国代表大会上的报告[M]．北京：人民出版社，2007．

② 胡锦涛．坚定不移沿着中国特色社会主义道路前进 为全面建成小康社会而奋斗——在中国共产党第十八次全国代表大会上的报告[M]．北京：人民出版社，2012．

③ 习近平．决胜全面建成小康社会 夺取新时代中国特色社会主义伟大胜利——在中国共产党第十九次全国代表大会上的报告[M]．北京：人民出版社，2017．

④ 张博强．略论大学生生态文明教育[J]．思想政治研究，2013(06)．

题,是高等学校思想政治教育教学工作面临的一项重要的课题。①
邱有华认为加强大学生生态文明教育力度,是我国生态文明建设
的内在要求和必由之路。② 俞白桦在其文章中指出,加强大学生
生态文明教育建设是落实科学发展观、构建和谐社会和促进大学
生素质全面发展的重要实施手段。③ 刘建伟教授认为,生态文明
是一种全新的文明形态,我国现正处于工业文明向生态文明转化
的重要时期,加强全民特别是以大学生为代表的特殊群体生态文
明教育至关重要,生态文明教育有利于大学生形成良好的道德素
养,也是促使大学生全面发展的主要助力。④ 罗贤宇认为推进生
态文明建设,可以帮助大学生快速成长,有助于成为人类生存与
发展的主力军。⑤

3. 大学生生态文明教育现状与问题研究

通过针对大学生生态文明教育现状的分析研究,我国学者们
普遍认为我国高校的大学生生态文明教育还处于起步阶段,开展
十分有限,当代大学生生态文明教育教学中仍存在着诸多问题。例
如:高校对于生态文明教育的重视力度不足;大学生现有生态文
明意识比较淡薄;大学生的生态价值观念扭曲;高校有关大学生
生态文明教育教学的内容不够系统深入;等等。例如:周晓阳、胡
哲通过研究认为当今大学生生态文明素养、高校对生态文明教育
重视程度、生态文明教育教学的内容、生态文明教育方法等方面

① 张乐民. 当代大学生生态文明教育论析[J]. 中国成人教育,2016(10).
② 邱有华. 思想政治教育视域下的大学生生态文明教育[J]. 思想理论教育,2014(07).
③ 俞白桦. 关于加强高校生态文明建设的思考[J]. 思想理论教育导刊,2008(11).
④ 刘建伟. 高校开展大学生生态文明教育的必要性及对策[J]. 教育探索,2008(06).
⑤ 罗贤宇、俞白桦. 价值塑造:协同推进高校生态文明教育[J]. 教育理论与实践,2017(15).

都存在着问题。①胡可人从高校和大学生自身两个角度分析了在生态文明教育中存在的问题,首先高校方面存在从事生态文明教育专业教师缺失的问题,其次在大学生自身方面存在生态文明意识薄弱、生态文明实践活动不足和生态文明知行转化较差的问题。②毛启刚经过对多所本专科院校进行问卷调研,发现存在以下几方面情况:第一,高校生态文明课堂教育严重不足,其中有72%的学生表示并未在学校开展的思想政治教育课上获取关于生态文明教育方面的知识;第二,学校生态文明教育观念落后,其中有53%除环境工程类之外的专业学生,其培养方案中没有设置生态环保类的课程;第三,学校生态文明教育师资非专业化,高校传授生态文明教育的教学工作多数由政治经济学课程的教师完成,而非生态文明教育专业教师。③ 陈海滨经研究我国大学生生态文明教育现状发现,虽然生态文明教育已开展一段时期,但整个教育的投入还相对较低,造成生态文明教育体系发展速度较慢,还远远落后于发达国家水平。④

4. 提升大学生生态文明教育方法的研究

国内学者经过不同角度的分析并结合现存的问题,对大学生生态文明教育工作的开展提出了大量合理化建议。总体来说,学者们普遍认同大学生生态文明教育工作要真正达到教育目的,除了需要在课堂上传授学生有关生态文明的相关知识,更重要的是提升大学生自身的生态文明素养。例如,李定庆提出了以下几点有效解决途径:第一,调动高校内部如人力、物力、财力等各种资

---

① 周晓阳、胡哲. 我国大学生生态文明教育存在的主要问题及其原因分析[J]. 中国电力教育,2013(28).

② 胡可人. 大学生生态文明教育现状及存在的问题分析[J]. 职业教育,2017(06).

③ 毛启刚. 浅议大学生生态文明教育现状及其建议[J]. 新课程研究(中旬刊),2017(05).

④ 陈海滨. 新时期大学生生态文明教育探究[J]. 辽宁医学院学报(社会科学版),2015(01).

源,营造良好的大学生生态文明育人环境,形成有利于推进大学生生态文明教育的有效合力。第二,大学生生态文明教育应当明确主体层次及特征,抓好重点和关键;第三,积极有效地抓好学校内部和学校外部两大环境因素,易于大学生生态文明教育的顺利开展;第四,根据目前大学生具有的个性张扬、思想开放、自我表现、网络依赖等特征,应有针对性地变革教育方式。①陈仁秀对于增强大学生生态文明教育的途径,从国家和高校两个层面进行了阐述。首先,在国家层面,需要将生态文明观教育纳入基本教育方针并制定有效政策法规形成支撑力,国家主管教育行政部门健全大学生生态文明教育大纲,明确高校应承担责任及任务;其次,在高校层面,要不断完善与丰富大学生生态文明教育教学内容,使其从形式教育向内涵教育转变过渡,从而达到教育的预期效果。②张琼、陈颉面向江西省高校进行了实地调研,期间走访了长期从事思想政治教育教学及学生管理工作的教师,经过大量数据的分析及整合,初步构建了大学生生态文明素质评价指标体系。作者利用指标体系复杂的公式推演论证出,加强大学生生态文明素质的培养是有效推进大学生生态文明教育的重要途径。③

5. 大学生生态文明教育的其他方面研究

从文献整理查阅的结果来看,目前国内的专家学者除了关于大学生生态文明教育自身的研究,还存在一些相关支撑理论研究,例如,王顺玲研究分析了生态伦理教育的内涵、原则及实施路径等相关内容,提出:"生态伦理教育可以帮助人们树立尊重自然的价值观念,促进公民生态人格的培养,有利于人们适度消费观

① 李定庆. 系统论视角下的大学生生态文明教育研究[J]. 思想理论教育导刊,2014(11).
② 陈仁秀. 浅析"美丽中国"视域下大学生生态文明观教育[J]. 改革与开放,2018(02).
③ 张琼、陈颉. 大学生生态文明教育素质评价实证研究[J]. 教育学术月刊,2018(01).

念的形成,可以从根本上促进我国生态文明建设的发展。"① 闫志华从加强大学生生态文明网络教育的角度研究认为:"对大学生进行网络生态文明教育,应从丰富网络生态文明内容,加强和完善大学生网络生态文明教育队伍建设等方面出发,帮助大学生树立正确的网络生态观,维护生态教育的网络安全。"②李红丽、傅安洲从构建高校生态道德教育内容体系的角度,研究了生态道德教育的相关内容,他认为生态道德教育的内容应包括生态环境知识、生态道德观念和规范、生态道德实践教育,建议应遵循整体性与层次性、稳定性与发展性、自律性与他律性的原则,构建当代大学生生态道德教育体系。③ 另外,有关生态文明意识的教育较为普遍,江灶发认为,加强大学生的生态文明意识教育,主要是帮助大学生建立生态忧患意识、资源节约意识以及生态实践的参与意识。④陈智慧、华启如认为加强高校生态文明意识教育应首先把握高校生态文明教育的内容,充分发挥高校思想政治教育课以及思想政治教育工作对大学生生态文明意识培养的重要作用,进而探索出高校生态文明意识教育的具体实践路径。⑤综上,有关大学生生态文明教育的相关研究还有很多方面,呈现出百花齐放、百鸟争鸣的良好研讨氛围,这些研究必定会对大学生生态文明教育的开展与实施产生有效的推动作用。

6. 大学生思想政治教育管理方面的研究

目前国内专门针对大学生生态文明教育管理的研究成果还没有呈现体系化和规模化,但大学生生态文明教育作为大学生思想政治教育的某一具体研究领域,对于大学生思想政治教育的一

① 王顺玲. 生态伦理及生态伦理教育研究[D]. 北京交通大学,2013.

② 闫志华. 加强大学生网络生态文明教育的思考[J]. 教育观察,2017(23).

③ 李红丽、傅安洲. 高校道德教育内容体系构建[J]. 中国地质大学学报(社会科学版),2015(01).

④ 江灶发. 加强大学生生态文明意识教育的思考[J]. 教育探索,2010(04).

⑤ 陈智慧、华启如. 高校生态文明意识教育的思考[J]. 华东理工大学学报(社会科学版),2009(04).

些研究成果可以作为大学生生态文明教育研究的参考和辅助支撑，即对于大学生思想政治教育管理方面的研究理论和观点可有助于大学生生态文明教育管理体系的构建。根据相关研究成果资料，对于大学生思想政治教育管理方面的研究主要可以分为思想政治教育管理基本理论的研究和目前所存在问题及改进策略的研究。

一是对于教育管理基本理论方面的研究。对于大学生思想政治教育管理的定义，国内的学者有着不同的理解和诠释。其中，邵泽义在《高校思想政治教育管理的体系化孵育与建构研究》一文中对于高校思想政治教育管理的含义作出了阐述，认为高校思想政治教育管理是教育管理者在管理过程中通过一系列手段，组织协调人、财、物等方面的教育资源，以实现最终教育的整体目标；另外，通过研究论证提出教育管理的过程主要经过领导、计划、控制、评估和管理创新五大方面的观点。赵志军等研究撰写的《思想政治教育管理学》一书中阐述，思想政治教育管理通过研究本质、把握内涵、认识价值、领会原理、掌握内容、构建机制等一系列过程，从而有效地组织和协调各类思想政治教育资源，进而形成思想政治教育合力和整体优势，以实现提升思想政治教育教学效果的最终目标；另外，对于思想政治教育管理的作用总结归纳为五点，分别是能够掌握教育方向、能够完善教育功能、能够发挥整体优势、能够增强教育活力、能够提升教育质量。陈万柏、张耀灿编写的《思想政治教育学原理》一书中对于思想政治教育管理的内容作出了诠释，分为目标管理、计划管理、规范管理、信息管理和队伍管理等几个环节，并指出思想政治教育管理具有开放性、方向性和民主性等特征。廖扬平在《对网络思想政治教育管理中存在问题的理性思考》中，将大学生思想政治教育管理的内容细化为过程、目标和计划管理。他还提出了应优化大学生思想政治教育的管理机制，即国家政策为引导的主导机制、以法律法规为依据的保障机制、以考核评估为监督的评估机制等。此外，还有一部分学者认为思想政治教育管理还可以归纳为制度、课程、内容、师资管理四个方面。其中制度管理是要规范大学生思想政治教育教学的各个环节；在课程管理方面，要将大学生思想政治教育以多种形式开展，形成课堂内外、校园内外相结合的教育管理模式，从而提升大学生对于这一门课程的学习热情；在内容管理方面，要多选取结合新时代特征要求的教学内容，促进学生的学习理解；在师资管理方面，要加强教育教学队伍的教学能力及个人素养，教师不仅要能够完成教学任务，实现教学效果，达到教学目的，自身还需具备正确的思想政治理念，以身作则成为学生的理论实践导向。并可制定完善的奖惩机制，以此激励教师的教学动力。梁增华在《网络思想政治教育管理创新研究》一文中对于课堂外借用新媒体介质开展思想政治教育进行了研究剖析，并对其管理模式提出创新性理念。他认为网络思想政治教育管理的创新需要遵循柔性化管理、互动式管理、精细化管理三大创新理念。

二是关于大学生教育管理存在问题及改进策略的研究。专家学者对于大学生思想政治教育管理的研究领域比较集中的另一方面，是存在的问题以及改进策略的研究。其中夏民在他的博士论文《法治理念下大学生教育管理创新研究》中提出教育管理主要集中表现为两方面问题，即教育管理权力失衡问题和大学生自身民主参与性缺失的问题。教育管理权力失衡问题主要表现为高校在行使教育管理权力当中存在着缺位、错位、超位的现象，致使学术权力被行政权力所替代，"官本位"的思想趋于主导。大学生自身民主参与性缺失的问题主要表现为大学生参与层次和参与热情不高、参与渠道受阻等现象。赵君在他的博士论文《新时期我国高校思想政治教育管理队伍建设研究》中以大学生思想政治教育管理队伍建设情况作为研究的切入点，分析得出目前我国高校在组建大学生思想政治教育管理队伍中，存在缺乏整体性的科学规划、队伍的培育和保障机制不健全、整体素质和正面形象较低、教育教学能力无法承载相应的教学任务等问题，并提出强化意识，树立科学地人才观、统筹优化队伍结构、提升管理队伍的思想政治素质与业务能力素质等解决方案。许海元在其博士论文《大学生心理资本积累及其教育管理对策研究》中表述，教育管理应从五个方面进行改进的策略，分别为更新大学生教育管理的理念、拓展大学生教育管理的途径、提升高校教育管理主体素质、创新大学生教育管理的方法、增强大学生教育管理的针对性等途径。在更新大学生教育管理理念方面，应在学校育人观、教育伦理实践效益观、教育价值观和生涯教育观等方面系统把握高等教育管理规律，从而形成全新的大学生教育管理工作理念；在拓展大学生教育管理的途径方面，应通过加强大学生生涯规划教育管理工作、建立积极人际支持机制等环节，以拓展大学生教育管理的途径；在提升高校教育管理主体素质方面，应通过提升教育管理队伍素质和教师个人的人格魅力等手段实现；在创新大学生教育管理的方法方面，应从生命价值取向的构建、大爱精神对校园文化的引领和理论研究对教育管理创新的推动等手段实现；在增强大学生教育管理的针对性方面，主要策略为利用年级差异化、生源地差异化视角和办学层次差异化等手段实现。兰海洁在其硕士论文《基于政府职能视角的大学生心理健康教育管理研究》中提出教育管理存在的问题主要集中在政府层面、社会层面和高校层面，其中政府层面主要体现为由于缺乏有效的监督，致使颁布的相关政策得不到有效执行，政府针对教育资源的分配地区差异性较大，政府针对教育管理的资金扶持力度不大等现象。马新平在硕士论文《论当代大学生思想政治教育管理》中总结归纳出大学生思想政治教育的三个主要问题：第一，高校面向大学生的思想政治理论教育欠缺针对性，表现为思想政治教育的内容和方式比较落后，无法契合时代特点和要求。第二，由于文化多元化所产生的不良影响以及教育管理的理念僵化，增加了大学生思想政治教育管理的难度。第三，由于缺乏良好的教育环境和有效的保障机制，出现了教育主客体环境欠佳、保障机制不健全、软硬件建设滞后等不利因素。冯爱芹在其硕士论文《高校思想政治教育目标管理研究》一文中认为，我国高等院校在大学生思想政治教育管理方面存在着诸多问题,例如,大学生思想政治教育教学规划混乱、教育教学内容笼统、教育教学制定形式化、教育教学主体性缺失等弊端,导致大学生思想政治教育缺乏整体性、针对性、灵活性、互动性、人文性,从而严重影响了大学生思想政治教育的科学化开展,若想改善以上诸多问题主要需从社会因素、高校因素以及大学生自身因素三个方面着手。王小阳在其硕士论文《高校学生思想政治教育科学管理研究》中认为,大多数院校在针对大学生思想政治教育管理理念方面存在着缺乏创新性和人文性的问题,在大学生思想政治教育管理方法上存在强调行政方法、忽视微观管理、缺少实践活动、缺乏心理教育等表象,在大学生思想政治教育管理队伍存在数量不足、素质参差不齐、考核工作未落到实处等问题,此外还存在大学生思想政治教育管理评估工作不重视、不配合等问题。例如,依然采取陈旧的行政命令管理方式,没有与时俱进,忽略了学生自身的主观意识,严重影响了学生的学习积极性。国玉杰在其硕士论文《大学生思想政治教育管理存在的问题及对策研究》中提出,大学生思想政治教育管理存在着如教育管理目标缺乏针对性、教育管理观念滞后、教育管理激励和约束机制不健全、教育管理队伍水平欠缺、教育管理体制不合理、教育管理缺乏系统性和协调性等方面问题,并提出了树立"以人为本"的教育管理理念;建立大学生自我管理与服务的教育管理方法;塑造专业化、职业化和科学化的教育管理队伍、健全教育管理的考核、培训、奖惩机制等改进措施。吴婷婷在其硕士论文《思想政治教育决策科学化研究》中认为,在教育管理的决策阶段,教育目标定位不准确,缺乏量化指标支持;教育管理计划制定欠缺长效性考虑;教育管理工作决策依据多来自管理内部,决策依据信息分析处理简单粗糙,并且对于最终教育管理决策内容的实施效果缺乏反馈、总结和修正等问题。张德明在其硕士论文《大学生思想政治教育管理载体研究》中,对于大学生思想政治教育管理载体进行了深刻的探讨和分析,认为存在如大学生思想政治教育管理载体的内容体系不完善、运用意识不足、灵活性不够、进行自我管理的能力不高、教育队伍建设不足等问题。赵振华在其硕士论文《新形势下高校学生教育管理探究》中总结大学生教育管理在管理理念、管理体制、管理制度、管理方法、管理队伍等方面存在严重的漏洞和问题，并指明问题产生的原因主要为受人文关怀缺失影响的教育因素、受社会转型特殊时代影响的社会因素、受高校体制结构失调影响的学校因素和受学生自我迷失影响的个人因素。陈美华在其硕士论文《大学生思想教育管理坚持"以人为本"的理性思考》中提出大学生思想教育管理应坚持"以人为本"为核心要求，从构建管理内部体系和营造管理外部环境出发，以解决大学生思想政治教育管理中存在的种种问题。其中建构管理内部体系主要是建立"以学生为核心"的教育管理理念，而营造管理外部环境主要是建立符合新时期大学生思想政治教育要求的教育管理队伍。总体来说，国内各位专家学者关于大学生思想政治教育管理的问题以及解决策略主要集中在管理理念、队伍、方法、制度等方面，只是侧重点略有不同。

综上所述，国内的专家学者一方面是针对大学生思想政治教育管理含义、内容、作用以及特点进行了研究，另一方面，也发现了大学生思想政治教育管理存在着诸多的问题，并提出了相应的改进策略。总之，这些都为进一步面向大学生生态文明教育管理模式研究奠定了坚实的理论基础。

（二）国外研究现状

随着历史的车轮驶入 21 世纪，物质文明的不断发展，人们对各种资源的过度采伐及生存环境的严重破坏，生态平衡被打破，致使生态环境日益恶化。人类开始重新定位人与自然的关系，面向生态环境方面的研究逐渐凸显并得以发展。由于西方经济发达国家的发展起步早，物质文明程度较高，资源匮乏、能源枯竭和环境污染等生态失衡问题在这些西方经济发达国家也最早被呈现。因此，关于生态环境教育方面的研究较之国内，形成了时间长、成果多的鲜明特征。

对于本书所论证"生态文明教育"这一概念,国外并没有完全契合的研究理论,但存在较为丰富及深入的类似理念研究。主要集中在面向"环境教育""生态伦理教育""生态道德教育"及"生态价值观教育"等理念的研究。总体来说,国外发达国家涉及的生态文明教育方面比较注重实践性教育的研究。

1. 关于"环境教育"方面的研究

美国生物学家雷切尔·卡逊出版的《寂静的春天》一书面世,标志着人类开始关注环境问题及开启了人与自然及发展关系的思考。作者在书中全方位地揭示了化学农药对人类及环境的危害与破坏,唤醒了人类开展环境保护的意识。[①] 1972 年联合国于斯德哥尔摩召开了"人类环境大会",参会各国共同签署了《人类环境宣言》,并且"环境教育"这一理念也被正式确立。[②]英国作家乔伊·帕尔默《21 世纪的环境教育》一书中指出"环境教育"要求师生应打破固有的关系的教学模式,提出应当"在环境中学习"的观点,强调将教育教学引向社会生活实践之中。[③]随后,一些发达国家对"环境教育"教学模式进行了尝试及探索。在日本,由于国土面积较小,由发展引起的环境恶化,直接危及了其生存,于是日本开始组织专家研究并推行环境教育,例如:在大学中开办了环境学专业,进行专业人才的培养。在美国,由于法律条例比较健全,人们法律意识较强,因此《国家环境教育法》的颁布,标志着国家对环境教育的重视程度。在英国,政府在农村周边地区成立了多个农业实践基地,让学生与大自然零距离接触,并组织开展环保活动及教育实践,逐渐形成理论与实践相结合的教育模式。在澳大利亚,注重各相关部门的协调与合作。为此成立"环境教育委员会",着重开展以环境教育为中心的教学课程以及实施教师

---

① (美)雷切尔·卡逊. 寂静的春天[M]. 吕瑞兰等译. 长春:吉林人民出版社,1997.

② 联合国人类环境会议. 人类环境宣言[Z]. 1972.

③ (英)乔伊·帕尔默. 21 世纪的环境教育[M]. 北京:中国轻工业出版社,2002.

素养的建设。在世界各国围绕环境教育各自开展特色的研究及实践教育活动的同时，在联合国主办的地球高峰会议上，近 200 个国家的元首及政府首脑共同通过并签署了《21 世纪议程》。《21 世纪议程》中重申了"环境教育"的重要性，规划了教育的新方向，提出了以"可持续发展"为目标的环境教育新理念。①

2. 关于"生态伦理教育"方面的研究

一部分国外专家学者将环境教育研究与伦理学研究相结合，从而形成了生态伦理教育，并作为一门全新独立学科呈现。这些专家学者通过研究，强调伦理学不仅是研究人与人之间的行为规范，还应包含人类面对其他生物及生态环境的行为规范。在贝尔格莱德召开的国际环境教育研讨大会中专家指出："我们急需一种全新的伦理模式，它既能支持人与人之间在生存环境中相一致地位的态度及行为，又能够界定人与自然之间的复杂且不断变化的关系，并能及时地对此做出认定。"美国的伦理学家霍尔姆斯·罗尔斯顿在其发表《环境伦理学》一书中阐述："只有在人与自然之间建立一种全新的伦理关系，人们才会从真心的热爱和尊重大自然"②；英国赫胥黎在其著作《进化论与伦理学》一书中也表明了："人与大自然之间应建立某种亲和的伦理关系"③；法国学者阿尔贝特·施韦泽在《敬畏生命》一书中写到："人和周围生物的关系应该是密切的相互感激的关系"，他认为"当一个人认为所有生命（即人和一切生物的生命）都是神圣的时候，他才是伦理的"④；此外，在他所著的《文化哲学》中提出"人和任何生物保持的关系

---

① 联合国环境与发展大会.21 世纪议程[Z].1992.

② （美）霍尔姆斯·罗尔斯顿.环境伦理学[M].杨通进译.北京：中国社会科学出版社,2000.

③ （英）赫胥黎.进化论与伦理学[M].宋启林等译.北京：北京大学出版社出版,2010.

④ （法）阿尔贝特·施韦泽.敬畏生命[M].陈泽环译.上海：上海人民出版社,2017.

应是特别紧密和互相感激的"①；美国科学家奥尔多·利奥波德经研究提出了"大地伦理"的理论，并在其著作《沙乡年鉴》中阐述了土地的生态功能，倡导保护土地生态环境，强化人们的责任意识。该书对今后的生态伦理思想发展具有深远的影响。②此外，美国权威伦理学家保罗·沃伦·泰勒所著的《尊重自然：一种环境伦理学理论》一书中，在人际伦理学与当代生态科学研究理论的基础上，创建了一套"生物中心主义伦理学"体系，该理论体系主要涵盖三方面内容：首先阐述了人们尊重自然的道德态度；其次提出了生物中心主义的自然观理论；最后总结得出一套尊重自然态度和信念的伦理标准和规则。③

3. 关于"生态道德教育"方面的研究

国外学者对于"生态道德教育"的研究开展较早，其理论基础是源自生态伦理学。生态伦理学中如"否定人类中心主义，倡导人与自然的平等权利"等理论，为生态道德观教育的建设和发展奠定了丰富充实的思想基础。西方发达国家学者经过研究认为："应该用道德标准衡量人与自然的关系，从而构建生态平衡体系，保持人与自然的协调发展。"其中澳大利亚哲学家彼德·辛格在其著作的《动物解放》一书中写道："我们必须反对对动物们进行施暴，就像我们当年反对任何道德上不平而战一样。"彼德·辛格认为："动物和人是一样的，具备感受痛苦、快乐、悲伤和恐惧的能力，因此应拥有道德的权利，动物也应得到同样的关心。"④美国科学家奥尔多·利奥波德在其提出的"大地伦理"概念中主张："道德涉及的对象不应仅仅是我们人类，应该包含所有生命及自

---

① （法）阿尔贝特·施韦泽. 文化哲学[M]. 陈泽环译. 上海：上海人民出版社，2008.

② （美）奥尔多·利奥波德. 沙乡年鉴[M]. 王铁铭译. 桂林：广西师范大学出版社，2014.

③ （美）保罗·沃伦·泰勒. 尊重自然：一种环境伦理学理论[M]. 雷毅译. 北京：首都师范大学出版社，2010.

④ （澳）彼德·辛格. 动物解放[M]. 孟祥森等译. 青岛：青岛出版社，2004.

然界,要尊重所有生命的权利。"① 总之,生态道德教育是根据生态环境所反映的本质,引导人们寻求保护生态环境的道德标准,并形成人们的道德意识,最终成为对人们行为活动产生影响的基本规范。生态道德教育具有三个特征:第一,反映人与人及人与自然之间最根本的道德关系;第二,能够体现出整个社会对人们的道德要求;第三,能够成为一种意念随时引导和约束人们的行为活动。

4. 关于"生态价值观教育"方面的研究

生态价值是指人们在满足需求与发展的同时对于生态环境的经济判断,以及人们与生态环境之间关系的伦理判断和系统功能判断。而生态价值观就是研究因人与生态环境之间联系所产生的价值观念。由于"生态价值观"概念属于"生态哲学"学科门类包含的基础性理念,因而在研究"生态文明观"之前,需先将"生态价值观"的含义研究透彻。国外的生态价值观教育研究起步较早,经历了生态问题所产生的危机,开始逐渐转变传统的生态观念,并积极地探索开展生态价值观教育的有效办法。例如:在美国、西欧等发达地区,学校已形成了关于生态价值观系统化教育体系,而澳大利亚将生态价值观教育逐渐走向法制化的发展趋势。

5. 关于"教育管理"方面的研究

目前国外学术领域还没有诸如以"生态文明教育管理""思想政治教育管理"等命名的概念研究,并且与之相关的概念研究也相对较少。他们所研究的大学生教育管理领域多集中在"公民教育管理""国民教育管理""人文修养教育管理""理性精神教育管理""个性解放教育管理"等相关概念,虽然与我国的"生态文明教育管理"与"思想政治教育管理"等概念有所区别,但还是有一些

---

① (美)奥尔多·利奥波德.沙乡年鉴[M].王铁铭译.桂林:广西师范大学出版社,2014.

相通的教育管理理论值得借鉴与研究。国外的教育管理往往强调融入生活的方方面面,面向大学生的教育管理提倡在日常生活中逐渐形成和提升,反对"填鸭式"的机械教育管理方式。例如,组织学生作为社会志愿者定期参加社会公益服务,在校园内组织丰富多样的文体活动,组织学生参加野外的艰苦生存技能训练和探险集训活动等教育管理形式。高校对大学生的教育管理比较注重个性化和人本位的管理理念,较少对其进行管理干预,这样能够使学生充分得到自主性发展,在成长过程中不断自我管理、完善及提高,并且提倡学生的全面发展,高校则以"为学生服务"作为教育管理的原则,在制定教育管理策略时注重民主性与实践性的观念。这样有益于学生自身思维能力的加强,并能够提升学生的责任意识,最终有利于促进学生核心价值观的形成。

反映国外针对教育管理理念的研究成果比较丰富,比较有代表性的诸如,美国著名素质教育权威托马斯·里克纳在他的代表作《美式课堂:品质教育学校方略》中,充分阐述了在大学生年龄阶段应当具备的价值思维能力和价值判断能力,并将"品德教育"确立为教育管理的核心目标。美国著名教育家路易斯·拉思斯在《价值与教学》中重点阐述了价值澄清理论,认为当今人们的决定过于复杂,压力显得形形色色,导致有些人在困惑、冷漠以及矛盾中挣扎,未能诠释好自我的价值观,无法独自发现有意义或者令人满意的生活方式。该理论是基于人本主义心理学,与教学管理研究领域的人本管理理念相映射。本书认为人们应多思考与价值有关的方面问题,提倡学生审视并思考自我的价值观,以及整个社会体系的价值取向。这样能够引导学生从自身主体的视角关注自己价值观形成的过程,并及时对于逐渐形成的价值观进行评判与调整。总之,学生通过对多元价值观的评价与澄清,有助于自身形成科学的价值认同。英国的莫尼卡·泰勒在《价值观教育与教育中的价值观》中提出,价值观教育内容按类别可分为社会层面的教育、精神层面的教育、道德层面的教育和文化层面的教育。亚瑟·施瓦兹在《在高度自治时代传播道德智慧》中认

为,学生的家长们应积极参与到高校教育教学政策的制定、教育
教学课程的设置以及联系社会实践服务活动等内容的实施过程
中,突出教育管理的自主性,以便更好地实现教育教学效果。其
中加强社会实践服务的开展,使学生在实践当中进行学习。因
此,需要社区、企业等社会组织机构与高校加强合作,为大学生提
供更多的社会实践服务机会,提升大学生的责任意识,从而塑造
大学生自身的核心价值观。莱斯特大学教授托尼·布什在其《教
育管理理论》中,将教育管理模式分为六种情况,即文化教育管理
模式、政治教育管理模式、正规教育管理模式、学院教育管理模
式、主观教育管理模式和模糊教育管理模式。其中,文化教育管
理模式强调组织文化的核心是学生个体的思想、信仰、行为方式
以及价值观体系,并且学生的个体或群体之间通过相互影响,可
以促进形成组织规范;政治教育管理模式是强调组织中的群体活
动,达到个人、群体与组织的协调统一;正规教育管理模式强调大
学具有等级性,要合理体现管理者的权威;学院教育管理模式强
调应以"民主"为基础原则,进而通过教师的专业权威形成共同价
值观;主观教育管理模式注重学生的信仰和认识,以及个体目标
的实现;模糊教育管理模式是强调如何面对复杂或不稳定的情
况,使学生能够具有更深刻的认识。美国著名的心理学领域专家
柯尔伯格在《道德教育的哲学》中提炼出了"公正团体行为培养
法"的研究成果,其理论的核心旨在将团体管理和自我教育两方
面建立联系,使其得以有机的结合,从而探索出全新的教育管理
理念。柯尔伯格认为:高校可以借助集体教育的力量,从而使民
主管理得以充分的体现,最终实现在教育管理的过程中学生的认
知与行为协调统一和有效结合。

　　此外,国外对于教育管理方面除了具有大量专家学者层面的
理论研究,还通过国家政府层面制定并实施了多种形式的教育管
理实践探索。例如:在美国,高校将大学生的爱国意识与价值观
相结合,作为学生思想教育的主要内容和引导方向。具体的教育
管理流程为,首先由国家层面的相关部门确定教育教学的核心内

容,再根据下属各州的实际要求,由各州政府制定教育教学的主要课程,采取层层渗透、课堂教育和社会实践相结合等有效形式,从而实现教育教学的效果和目的。日本的教学大纲中将思想教育管理的目标定义为:"人的道德素养主要体现在社会、学校和家庭之间的具体生活中,应将学生培养为能够创造富有个性文化并且为民主社会和国家的发展以及国际社会做出贡献的人。"在英国,高校在教育教学课程中开设宗教必修课,认为宗教教育在思想教育管理中能够起到至关重要的作用。在新加坡,政府发表了《共同价值观白皮书》,其中将个人的信仰与社会及国家的价值目标相结合,从而构建了五大共同价值观体系,号召国民应具备"国家至上、社会为先;家庭为根,社会为本;关怀支持,尊重个人;求同存异,协商共识;种族和谐,宗教宽容"的思想意识。

综上所述,分析国内外研究状况我们看到:一是国内学术界研究大学生一般意义的思想政治教育的内容、方法、手段、目标等居多,结合生态文明研究偏少;二是国外学界研究生态伦理、生态价值、环境教育居多,结合大学生素质养成、生态文明教育管理偏少;三是国内外结合当下的环境研究生态问题居多,从人的全面发展特别是大学生生态文明的素质的养成以及生态文明教育与管理方面研究偏少。有鉴于此,本书选择大学生生态文明教育为题,以期进行有关的探讨。

三、研究的基本框架与方法

(一)研究的基本框架

本书在导论的基础上首先探究了我国大学生生态文明教育的理论基础和文化借鉴,进而分析了全球生态危机问题以及我国生态文明教育的兴起与发展,结合当前我国大学生生态文明教育的实际情况,找出高校开展生态文明教育中存在的问题及成因,提出我国开展生态文明教育的理念、目标和原则以及我国大学生生态文明教育的具体内容和基本途径。最后总结并构建出我国大学生生态文明教育与管理的三种模式。本书的基本框架包括以下几个部分：

在导论部分，本书从研究的背景和意义出发，分析了我国生态问题的现状，指出生态问题本质上是人与人、人与自然的关系问题，并提出我国高校教育面临的新课题即需要广泛而深入地开展大学生生态文明教育。本书依据国内外研究现状，进一步提出了研究的框架内容和研究的方法，最后分别阐释了可能的创新之处及不足。

第一章介绍了大学生生态文明教育的相关概念、理论基础和文化借鉴。第一部分介绍了与生态文明教育相关的"文明"与"生态文明"的概念，然后提出生态文明教育的内涵，在参考以上三个概念内涵的基础上，提出我国大学生生态文明教育的主要内容，从而为书中后面的论述奠定理论基础。第二部分在综合分析了生态文明、生态文明教育内涵以及相关研究的基础上，探讨了本书所研究的大学生生态文明教育的理论基础以及文化借鉴。书中通过整理和分析"人与自然的关系""人的全面发展""资本主义制度是人与自然关系断裂的总根源"等马克思主义理论，论述了大学生生态文明教育的理论基础。然后对中国传统文化中道家、儒家、佛家的生态文化思想的发展趋势进行了深入挖掘，找出了我国生态文明教育的文化借鉴之源，并扬弃性地梳理和借鉴了西方生态马克思主义思想的理论精髓，最后分别阐释了这些理论对我国生态文明教育的意义及影响。

第二章阐释了全球生态问题的凸现及我国大学生生态文明教育的兴起和发展。第一部分从对全球生态危机及生态文明教育的迫切性出发，对全球生态危机现状进行了分析，从而帮助人们更加直观、全面地认识了全球生态问题的严重性。然后分析了产生这些危机的根源，分别为人口数量的激增造成人类与资源的关系进一步紧张；环境制度的不完善、执行力不足助长了生态危机的蔓延；消费主义盛行扩大了生态危机的发展；人类生态环境保护意识的低下导致生态问题的扩大四个方面的内容。在这种危急情况下,人类意识到个体以内向的精神克制外向的过度欲求,唤起人类生态环保的意识,树立生态文明观念,培养生态文明行为习惯才是解决问题的根本。于是,人类通过各种方式呼唤生态文明教育的兴起并推动这种教育的不断发展。第二部分是关于生态文明教育缘起的论述,书中从梳理国外环保组织组织的各类会议开始,按时间顺序整理出推动生态文明教育兴起和发展的各个会议及其召开的重要意义,然后归纳概括了推动我国生态文明教育向前发展的政策措施及各种重要会议精神。第三部分首先分析了大学生群体参与生态文明建设的重要性,进而引出我国开展大学生生态文明教育的紧迫性以及目前国家开展大学生生态文明教育的进展情况和已经取得的成就。

第三章借鉴实证研究的数据,分析整理了我国大学生生态文明教育存在的问题及成因。依据问卷数据并结合实际研究,本书总结出我国大学生生态文明教育存在的五个方面问题,分别为:大学生生态文明素养有待进一步提高、高校对生态文明教育的重视程度有待进一步加强、大学生生态文明教育的内容不够系统深入、大学生生态文明教育的方式方法不够科学并缺乏多样性、大学生生态文明教育的实践不够全面深入。究其成因,书中从国家方面、社会方面、高校方面、家庭方面、个人角度五个方面对其展开了分析。

第四章在总结上一章内容的基础上提出了我国大学生生态文明教育的理念、目标和原则,并进行了相关阐释和展开。书中首先深入挖掘了大学生生态文明教育的理念,提出将大学生生态文明教育的主要理念定位于绿色发展理念、全面发展理念和知行统一理念三个方面的内容上。然后,论述了我国大学生生态文明教育的目标:第一,培养大学生掌握基本的生态文明知识;第二,帮助大学生树立牢固的生态文明观念;第三,促进大学生具备一定的生态文明技能;第四,帮助大学生养成良好的生态文明习惯。最后,从四个方面论述了大学生生态文明教育应遵循的原则。

第五章针对调研中发现的问题,结合生态文明教育的理论基础和文化借鉴,先是总结归纳出我国大学生生态文明教育的六方面基本内容:生态文明国情世情知识教育、生态文明科学知识教育、生态文明法律法规知识教育、生态文明道德知识教育、生态文明绿色消费知识教育、生态文明实践能力教育。然后从三个方面论述了大学生生态文明教育的方法途径。

第六章论述了大学生生态文明教育科学管理的相关内容,文中作者首先提出了大学生生态文明教育管理的目标,然后从专业化管理、发展性管理、动态性管理三个方面阐释了我国大学生生态文明教育管理队伍的建设工作,并提出构建我国大学生生态文明教育管理的三种模式,即全面素质型管理、民主制度型管理、网络技术型管理。然后进一步以大学生生态文明素养发展状态和我国生态文明建设要求为依据,初步构建出适合我国国情和当代大学生发展需要的大学生生态文明教育方法及途径。最终实现通过加强大学生生态文明教育与管理,共筑未来"美丽中国"的宏伟愿景。

(二)研究的方法

1. 文献研究方法

本书以大量文献和资料的搜集为写作的基础。通过各种途径有目的、有计划地搜集国内外有关环境教育、可持续发展教育、生态文明教育、生态伦理教育、生态道德教育等方面理论的论文、期刊、专著及报刊等文献,了解该领域的最新发展动态与研究成果,吸收和借鉴国内外学者在环境教育、可持续发展教育以及生态文明教育方面的研究成果,尤其是对马克思、恩格斯的人与自然关系的思想以及我国十六大以来召开各届人民代表大会的政府工作报告等文献资料的阅读与分析,从而对大学生生态文明教育研究的相关内容形成理性认识和总体把握。

2. 实证调查法

实证调查法主要是采用问卷调查的方法,选取全国若干所高校的大学生,在均衡性别和年级分布的情况下,围绕大学生生态文明教育的相关内容进行相对客观的调查研究。问卷的发放主要通过手机微信平台转发的形式,调查了解我国大学生生态文明知识的知晓度、生态文明理念的践行度、生态文明建设的认同度、高校大学生生态文明教育与管理的开展情况以及大学生心中"美丽中国"图景规划五个方面的问题,分析问卷数据,提出新时代我国大学生生态文明教育与管理存在的问题,并针对问题分析原因。

3. 归纳法

通过查阅大量国内外学术专著、期刊资料研究发现,专门针对大学生生态文明教育与管理的理论成果研究较少,有关大学生生态伦理教育、大学生生态文明观教育或大学生生态道德教育等方面问题的研究较多。即使是针对大学生生态文明教育的研究成果,也仅是概括性地指出大学生生态文明教育的研究内容或存在的问题,没有进行深入分析或理论升华。同时,有关大学生生态文明教育的实践参与和行为养成方面的研究,也仅限于提出高校应开展与生态文明教育有关的活动,没有详细地归纳出大学生生态文明教育与管理的具体途径或实施办法。因此,在研究中,本书采用了归纳总结的方法,在查阅与本书相关的文献资料中,对有关大学生生态文明教育与管理的资料进行整理和归纳,最终提出我国大学生生态文明教育存在的问题、教育的理念、目标、原则、具体内容和实施的方法途径。

4. 理论联系实际的方法

研究大学生生态文明教育与管理的最终目标就是将大学生生态文明教育与管理研究成果的相关理论知识应用于大学生思想政治教育中,并对我国生态文明建设的实践产生积极影响。本书研究的出发点和落脚点主要集中于这一研究在实践中是否具有现实意义,尤其是开展大学生生态文明教育、构建合理的大学生生态文明教育管理模式对我国生态文明建设和解决我国面临的种种生态危机是否有具有现实的促进作用。因此,本书在研究过程中充分把马克思主义理论、中国传统的生态文化思想以及西方马克思主义思想与我国的大学生生态文明教育的教育内容、方法途径以及当前我国社会主义生态文明建设的新形势新要求相结合,并加以客观的阐释和论述,以期将大学生生态文明教育与管理的理论和实践成果,更好地应用于我国的生态文明建设中去。

四、研究的创新与不足

(一)研究的创新之处

第一,本书从生态文明教育的视角,研究我国大学生群体生态文明教育的内容与途径,是对我国高校思想政治教育体系创新的一种探索与建构。就我国目前生态文明建设的发展来看,高校思想政治教育针对大学生生态文明教育内容与方法的研究,还存在着缺乏专业性和针对性的问题。因此,探索和研究大学生生态文明教育的理论与实践,全面系统地总结和整理大学生生态文明教育的内容与方法途径,构建大学生生态文明教育的管理体系,无疑能够拓展我国高校思想政治教育的发展空间和研究内容。

第二,本书结合全国实际,通过问卷调查的方式搜集全国大学生生态文明教育发展现状的第一手资料。问卷涉及范围广泛,分布全国多个省份,涉及 211 院校、普通本科院校及职业专科院校,网络直接生成统计分析结果,方便快捷,数据准确可靠,进而为大学生生态文明教育与管理的研究提供了全新的研究参考途径。

第三,搜索 CNKI 关于生态文明教育、生态道德教育、生态伦理教育的文章较多,但系统深入地以大学生为调查或教育对象的甚少,专著和博士论文尚未出现。本书以"大学生生态文明教育与管理研究"作为选题,以全国高校大学生尤其重点是黑龙江地区的大学生群体为切入点,研究有关大学生生态文明教育与管理方面的相关内容本身就是一个创新点。

(二)研究的不足之处

虽然本书对我国大学生生态文明教育与管理进行了研究,但基于目前关于大学生生态文明教育与管理的研究尚属空白,可供本书查阅、参考的文献资料及外文学术成果有限,使得本书在阐述方面还存在诸多不足之处,有待进一步学习与研究。

第一章　大学生生态文明教育的相关概念、理论基础和文化借鉴

开展大学生生态文明教育研究,我们将首先解读文明、生态文明、生态文明教育以及大学生生态文明教育的相关概念。以此为基础,本章以马克思主义的理论为指导,依据中国传统文化中道家、儒家、佛家中有关生态文明的思想,借鉴西方马克思主义的理论观点,分析并回答本书关注的重点问题。

一、生态文明教育相关概念的解读

(一)文明

文明作为历史的积淀,反映了人与人、人与自然、人与社会之间的关系,是符合人类精神追求,能被大多数人所接受认可的精神财富。一方面,它的基本内涵为人类所创造的艺术、教育、科学、文学财富的总和。有关这方面的文明定义包含多种:第一,文明是"人类在认识和改造世界的活动中所创造的物质的、制度的和精神的成果的总和"[1]。第二,"文明"是指社会发展、物质文化和精神文化的水平和程度。[2] 这些文明的概念都反映了文明是人类活动和进步的积极成果。另一方面,文明的概念又是与蒙昧、野蛮相对应的。据此,文明是指"人类社会的进步和开化状态。它既是人类历史发展的产物,又是衡量和表现社会进步程度的标

---

[1] 中国大百科全书(第 23 卷)[M]. 北京:中国大百科全书出版社,2009.

[2] 多位首席科学家及政治家. 苏联大百科全书[M]. 北京:人民出版社、三联书店,1950.

志"①。以上关于文明概念的两方面内容都反映出文明是经过不断积累才反映出来的人类社会的发展和进步,是社会发展到较高阶段表现出来的一种状态。此外,马克思主义经典著作也对文明有着丰富的论述。恩格斯认为:"文明是实践的事情,是社会的素质。"②恩格斯的这一论断为马克思主义文明观作出了极大的贡献,它将文明与实践联系起来,并将人类文明纳入了实践的范畴,提出文明的发展是遵循历史客观规律的,是随着人类实践的发展而发展演进的。实践是人自由自觉的创造财富的社会活动,而文明则是一个反映实践活动过程及其成果的实践范畴。人类文明在实践活动中不断向前发展,从原始文明、奴隶制文明、封建制文明、资本主义文明向未来的共产主义文明过渡。这反映出人类文明在历史的发展中不断地通过实践活动改变自己的形态,促进着人类的全面发展和社会的进步。

(二)生态文明

"生态文明"从字面意义理解是由"生态"和"文明"两个概念组成。1869年德国动物学家厄恩斯特·海克尔最早从研究动植物及其与环境之间、动物与植物之间及其对生态系统影响的角度出发,提出生态学概念。如今,生态学已经渗透到各个领域,生态一词涉及的范畴也越来越广泛。人们常用生态来形容健康、和谐、美好的事物。文明是人类文化发展的成果,作为反映人类社会、政治、经济发展水平的一种概念,是人类社会进步的标志。人类文明的发展历史大致经历了原始文明、农业文明和工业文明三个发展阶段。然而,随着生态环境的日益恶化、全球资源面临枯竭、人类工业病蔓延加剧。从1943年的"美国洛杉矶光化学烟雾事件"、1952年的"伦敦烟雾事件"、1961年的"日本四日市哮喘病事件"到1968年的"日本爱知米糠油事件",表明环境污染的重大事件正在层出不穷,人们也在为工业文明的辉煌付出代价。这些

---

① 黄楠森等.新编哲学大辞典[M].太原:山西教育出版社,1993.
② 马克思恩格斯文集(第1卷)[M].北京:人民出版社,2009.

环境污染和生态破坏的事件，引发了人类的反思，一个新的延续人类生存的文明形态——生态文明应运而生，并很快在全球范围得到认同，进而人们开始对生态文明的概念进行思考。一般认为，在我国学术界首次明确生态文明概念的是著名生态学家叶谦吉教授。在 1987 年召开的全国生态农业问题讨论会上，他提出应"大力建设生态文明"。并将生态文明定义为："人类既获利于自然，又还利于自然，在改造自然的同时又保护自然，人与自然之间保持着和谐统一的关系。"①后来，随着我国生态文明建设的不断发展，人们对生态文明的研究不断扩大，有关生态文明的内涵也得到了更加深入、广泛的研究。廖福霖教授认为："生态文明的概念可从广义和狭义两方面来谈，广义的生态文明是指人类充分发挥主观能动性，遵循自然—人—社会复合生态系统运行的客观规律，使之和谐协调、共生共荣、共同发展的一种社会文明形式，包括物质文明、精神文明、政治文明和社会文明以及狭义上的生态文明。它相对于原始文明、农业文明和工业文明；狭义的生态文明则指人与自然和谐协调发展的一种文明形式，它相对于物质文明、精神文明、政治文明等。"②由此可见，生态文明寻求的是一种人与人、人与自然、人与社会和谐共生、持续繁荣的文化伦理形态。生态文明作为人类社会发展到一定阶段的产物，以环境资源承载力为基础，以人与自然的关系为核心，强调人与自然的和谐、平等，提倡理性、公正对待自然；同时，它以适度消费、厉行节约为特征，摒弃奢华、浪费的生活方式；在最终目标上，追求精神文化享受的价值观念，以达到实现经济社会繁荣发展，人与人、人与自然、人与社会和谐发展的理想境界。综上，生态文明作为一种独立的文明形态，应从以下四方面来理解其具有的丰富内涵系统：第一，意识文明，是关于人们的世界观、方法论与价值观问题，这个层面是解决生态文明意识文明层面的问题，帮助人们树立人与

---

① 李龙强、李桂丽．生态文明概念形成过程及背景探析[J]．山东理工大学学报（社会科学版），2011(11)．

② 廖福霖．生态文明建设理论与实践[M]．北京：中国林业出版社，2001．

自然同存共荣的自然观,建立可持续发展观和适度消费的生活观,从而指导人们的实践。第二,行为文明,帮助人们改变高消费、高享受的消费观念与生活方式,尊重环境资源承载力,以自然规律为准则,倡导节约、适度消费,从而构建环境友好型社会。第三,制度文明,制定规范和政策措施,约束人们的生态文明行为。第四,产业文明,意在加强生态产业的建设,为生态文明建设打下物质基础。

(三)生态文明教育

构建生态文明,关键在于发展教育。教育对文明起着推动作用,它承担着传播和承载生态文明的重任,生态文明教育是我国生态文明建设的基础,但从当前严重的生态环境问题和公民的生态文明素质来看,我国生态文明教育的实际效果仍不明显,教育任务有待国家继续推进。那么究竟什么是生态文明教育呢? 生态文明教育包含哪些内容呢? 陈丽鸿、孙大勇认为:"生态文明教育是针对全社会展开的向生态文明社会发展的教育活动,是以人与自然和谐为出发点,以科学发展观为指导思想,培养全体公民生态文明意识,使受教育者能正确认识和处理人—自然—生产力之间的关系,形成健康的生产生活消费行为,同时培养一批具有综合决策能力、领导管理能力和掌握各种先进科学技术促进可持续发展的专业人才。"[①]蒙秋明认为:"生态文明教育是指在提高人们生态意识和文明素质的基础上,使之自觉遵守自然生态系统和社会生态系统原理,积极改善人与自然的关系、人与社会的关系以及代内间、代际间的关系。"[②]沙莎认为:"生态文明教育是新时期德育教育的发展结果,是在人们具备生态意识的基础上,以生态素质自觉遵守自然和社会生态系统原理,积极改善人与自然

---

① 陈丽鸿、孙大勇.中国生态文明教育理论与实践[M].北京:中央翻译出版社,2009.

② 蒙秋明、李浩.大学生生态文明观教育与生态文明建设[M].成都:西南交通大学出版社,2010.

的、人与社会以及人与人、人与自身的关系，根据发展的要求，对受教育者进行有目的、有计划、有组织、有系统的社会活动，来促进受教育者自身的全面发展，使之为社会发展服务。"①结合我国的国情综观各种不同的定义，对生态文明教育逻辑层次的理解可以包含以下几个要点：第一，生态文明教育以人与自然和谐为出发点，积极改善人与自然、人与社会、人与自我三个层面上的关系，倡导树立绿色、全面、可持续的发展理念。第二，生态文明教育反映了教育的本质，它是一种教育活动。从广义上理解，生态文明教育就是针对社会全体公众的普遍性的教育和实践活动；从狭义上理解，生态文明教育则是指学校教育，包括针对各类学生的专业知识教育、主题教育和实践体验式教育。第三，生态文明教育以培育公民生态文明意识为目的，提高公民生态文明素质，培养公民生态文明行为习惯。开展生态文明教育活动使公民对生态文明知识有一定的认识，掌握发现和处理生态文明问题的有效措施和手段。树立保护环境的道德感和责任感，形成正确的生态文明观。第四，一定的意识指导一定的行为方式。生态文明教育主要是培养公民建立各种生态观念，并将其转化为行动的指南，不断提升人们生活基本方式的高度，形成健康的生产生活消费行为，培养一批中国生态文明建设强有力的专业人才。

（四）大学生生态文明教育

党的十八大报告指出："加强生态文明宣传教育，增强全民节约意识、环保意识、生态意识，形成合理消费的社会风尚，营造爱护生态环境的良好风气。"②生态文明教育是一件大事，它不但是政府工作的大事，也与每个公民息息相关。大学是公民人生的关键时期。大学生是国家宝贵的人才资源，是整个社会最富朝气、

---

① 沙莎．高校生态文明教育研究——基于思想政治教育新视角[D]．西南财经大学，2012.

② 胡锦涛．坚定不移沿着中国特色社会主义道路前进 为全面建成小康社会而奋斗——在中国共产党第十八次全国代表大会上的报告[M]．北京：人民出版社，2012.

最具积极性和创造性的群体,也是促进社会和谐发展的重要力量。因此,开展大学生的生态文明教育的研究,不仅对我国大学生思想政治教育具有与时俱进的推动作用,而且对我国的生态文明建设具有重要的实践价值。当前,我国开展大学生生态文明教育主要是以科学发展观、党的十八大报告和十九大报告相关内容为指导,以大学生为教育对象,从人与自然和谐发展这一目标出发,对大学生进行有计划、有组织、有目的的生态文明意识的培养,帮助大学生正确认识人与人、人与自然之间的关系,学会在处理当代环境问题过程中,构筑健康的生产生活和消费行为,并且自觉自愿地遵守生态环境保护守则,在学习以及未来工作、生活中积极参加生产实践活动,为社会的全面发展作贡献。因此,我国倡导积极开展大学生生态文明教育有助于促进当代大学生综合素质的全面发展,帮助高校拓宽思想政治教育的新思路。同时,这项工作对于促进人与人、人与自然、人与社会的和谐发展,贯彻和落实我国生态文明建设的方针政策、全面建设美丽中国都具有十分重要的作用。

二、大学生生态文明教育的理论基础和文化借鉴

(一)马克思主义的理论指导

1. 人与自然的关系

第一,人是自然界的产物,是自然的一部分。人是从哪来的?恩格斯曾说:"人本身是自然界的产物,是在他们的环境中并且和这个环境一起发展起来的。"[①]马克思也指出:"自然界,就它本身不是人的身体而言,是人的无机的身体。人靠自然界生活,这就是说,自然是人们为了不致死亡而必须与之不断交往的、人的身

---

① 恩格斯. 反杜林论[M]. 北京:人民出版社,1971.

体。"①马克思、恩格斯在论述人与自然的关系时,认为人类源于自然、依赖自然,是自然界长期进化的产物。一方面,自然对人处于优先地位。马克思、恩格斯认为自然对人类具有客观性和先在性的重要作用。因此,在处理人与自然的关系问题时,把自然界作为人类的生命之源和衣食之源。任何违背自然规律,破坏生态环境的行为,必然遭到历史的惩罚。另一方面,人类依靠自然生活。人类自被孕育来到地球之后,就意味着不能脱离自然界,而要依赖自然界生存。自然为人类提供各种生存的来源,为人类劳动生产提供生活资料,并执行着劳动对象和劳动资料的职能。同时,自然界又是人类生存的外部环境,为人类提供生存所需要的阳光、空气、水源等地质条件、资源条件和气候条件,执行其生态的功能。因而,对于人类,保护好自然环境就是保护好自身。

第二,人与自然进行合理的物质变换。有关"物质变换"这一概念,我们可以在马克思、恩格斯的多部著作(《资本论》《经济学批判大纲》《自然辩证法》《反杜林论》等)中看到。刘思华认为,马克思关于"物质变换"的概念,主要包含三方面内容:"一是生理学、生物学意义的物质变化,这是自然领域内物质代谢。二是经济学意义的物质变换,这是社会的物质变换,也就是现在人们所说的社会经济系统中的物质变换。三是连接前两者的人与自然之间的物质变换。"②由于马克思主义自然观是一种实践的"人化自然观",人与自然之间的物质变换成为三者中最为重要的物质变换形式。在这种"物质变换"中,人是自然的一部分,人与自然之间的关系是内在的统一。"物质变换"理论则揭示了人与自然之间能量相互转换又内在统一的关系。一方面,人类通过劳动,依照自身的需求,对自然进行改造,使自然成为人类的产品;另一方面,人类通过劳动在改造自然的同时,也在受到自然的制约。人与自然之间的"交互作用"就是两者之间的"物质变换"过程。这种物质变换蕴含着人类通过劳动而进行的实践活动,一旦这种

①　马克思恩格斯全集(第42卷)[M].北京:人民出版社,1979.
②　刘思华.生态马克思主义经济学原理[M].北京:人民出版社,2006.

正常的"物质变换"发生断裂,就会导致生态危机问题危害人类的生存。因此,只有人与自然之间进行合理的物质变换,才能实现人类社会的可持续发展。

第三,劳动实践是人与自然对立统一的中介。马克思指出:"劳动首先是人和自然之间的过程,是人以自身的活动为中介、调整和控制人和自然之间的物质变换的过程。"①这表明,劳动是人与自然之间物质变换过程的中介和基础。人类通过劳动建立起人与自然之间的联系,改变自然的面貌,创造人类生活的物质材料获得价值,可以说,劳动实践是实现人与自然之间物质变换的纽带和重要环节。马克思指出:"劳动是为了人类的需要而占有自然物,是人和自然之间的物质变换的一般条件,是人类生活的永恒的自然条件。因此,它不以人类生活的任何形式为转移,倒不如说,它是人类生活的一切社会形式所共有的。"②这句话表明了劳动与物质变换之间的关系。但是,以劳动形式实现的人与自然的物质变换不一定是双方都能共赢的。我们会发现,一方面,劳动帮助人类成为不会一直受自然支配的特殊物种,人类要改造自然使之成为能够供人类舒适生活的自然,这样就打破了大自然原有的天然的平衡;另一方面,人类之外的其他物种如动物、植物等依然遵循着自然原有的规律。然而,由于人类劳动而造成的自然界的失衡,正在影响着人类之外其他生物(也包含人类自身)的生存。所以,我们应充分认清劳动与物质变换的关系,合理把握人与自然物质变换的内涵。

2. 人的全面发展

马克思认为,自然是人类相对的客体,在历史的演进过程中受到客观因素的约束。自然排除人类实践活动的影响,显现的是自然最初的状态。然而,经过人类实践活动的改造后,就演变为人为的自然。实际上现在的自然是在人类文明进化过程中形成

---

① 马克思. 资本论(第1卷)[M]. 北京:人民出版社,2004.
② 马克思恩格斯全集(第23卷)[M]. 北京:人民出版社,1972.

的自然,是更有益于人类发展的自然而非自然的自然。在人类发展进程中,坚持"以人为本",正确处理好人与自然之间的关系,才能最终实现人的自由全面发展。

按照马克思的观点,人的全面发展是唯物史观的重要构成因素,是人的社会关系、人的需求、人的能力等诸方面自由而充分的发展。首先,人的全面发展是人的社会关系的全面发展。马克思认为,人是在社会关系中生存和发展的。人类生存于多重社会关系之中,需要进行一定的社会交往来完善自己和充实自己。在社会交往过程中,人类通过交往内容、范围、手段的不断丰富和完善,逐渐摆脱个体的、民族的狭隘性,而成为全面发展的人。其次,人的全面发展是人的需求的发展。人的需要是人自身的规定性,马克思认为人的生存与发展包含多方面的需要。随着人类劳动方式的改变和社会的进步,通过人类的实践活动,人的自然需要不断得到满足并不断扩大,从最初的解决生存需要到精神需要和生态需要。目前,人类的物质需要的紧迫性相对下降,而精神需要和发展需要的重要性正在上升。最后,人的能力的全面发展。马克思认为:"除了从事物质生产劳动的能力,人的能力还包括社会交往能力、管理能力、科学研究能力以及艺术创造能力等等,也就是一个人创造物质价值、社会价值、精神价值的能力"。[1]我们知道人类是生态环境问题的始作俑者,只有依靠人的全面发展,并将人的全面发展置于人与自然及人与社会的关系教育中,关注人类的综合素质培养,全面提升人类的生态文明素质、科学研究能力以及道德品质素质等,才有助于人类处理好人与自然、人与社会的关系,最终推动人类的发展和社会的进步。

3. 资本主义制度是人与自然关系断裂的总根源

马克思提出:"资产阶级在它不到一百年的统治下创造的生产力,要比过去一切世代创造出的全部生产力还要多。"[2]马克思

---

①　季海菊. 高校生态德育论[M]. 南京:东南大学出版社,2011.
②　马克思恩格斯选集(第1卷)[M]. 北京:人民出版社,1995.

指出了资本主义社会劳动生产只追求利润，而对获得财富后所造成的自然生态破坏问题毫不关心的现象。这说明在追求剩余价值的背后，资本主义的生产方式已经对自然环境造成了破坏。马克思还指出："资本主义生产使它会集在各大中心的城市人口越来越占优势，这样一来，它一方面聚集着社会的历史动力，另一方面又破坏着人和土地的物质变换，也就是使人以衣食形式消费掉的土地的组成部分不能回到土地，从而破坏土地持久肥力的永恒的自然条件。这样，它同时就破坏城市工人的身体健康和农村工人的精神生活。"①这说明资本主义的劳动是一种异化劳动，资本主义的生产方式造成了双重损害：一方面表现为它破坏了人与自然之间的物质变换；另一方面，它又损害了劳动者的身体健康。关于资本主义生产方式破坏了人与自然之间合理的物质变换，主要是由于资本主义的生产是以资本家获得利润——剩余价值为目的的。没有自然提供的各种资源物质保障，它们就不能创造任何剩余价值，因此为了获得更多利润，直接快速的途径就是向自然索取，然而自然资源是有限的，它与资本主义的生产目的——无限扩张之间存在着必然的矛盾。在这种情况下，势必会导致自然资源的枯竭，人类生存环境遭到破坏。在马克思看来，资本主义社会人与自然之间的物质变换是不合理的，资本主义制度是造成人与自然之间物质变换关系断裂的总根源。综上，按照马克思主义的观点，资本主义制度就是人与自然关系断裂的总根源，资本主义社会在发展经济的过程中多采用市场经济，经常出现急功近利、好大喜功、向自然无度索取、不考虑环境的发展只考虑利益的现象，为解决这一根本问题实现人与自然和谐发展，较为重要的途径之一就是改变这种不合理的社会制度——用共产主义制度来取代"由资本逻辑"支配的资本主义制度，才能最终实现人与自然的合理物质交换。

---

① 马克思恩格斯全集(第 23 卷)[M]. 北京：人民出版社，1972.

4. 中华人民共和国成立以来中国共产党的生态文明思想

中华人民共和国成立以后,党和国家的领导集体都先后对生态理论和实践做了积极探索。总结新千年以来我国生态文明建设取得的成就:从党的十六大报告提出:"要稳扎稳打落实可持续发展战略,提高改良生态环境的能力,走文明和谐的发展道路。"① 十七大报告:"进一步将生态文明工作提升到执政理念的高度。"② 十八大报告:"要求大力推进生态文明建设,努力建设美丽中国。"③到十九大报告:"加快生态文明体制改革,建设美丽中国。"④中国从政治、经济、文化"三位一体"的建设指南转向了政治、经济、文化、社会、生态"五位一体"的建设方针。生态文明建设作为社会主义现代化建设的新要求,凸显了马克思、恩格斯生态文明思想与中国实际相结合的理论探索和实践成果。党的十八大以来,以习近平为核心的党中央领导全国人民大力推动生态文明建设,开创了社会主义生态文明建设的新时代,形成了习近平生态文明思想。习近平在一系列重要讲话中提出:"实现和谐生态关乎公平与民生,改善生态环境就是发展生产力,绿水青山就是金山银山。"⑤指出必须实行最严格的生态环境保护制度等促进生态文明建设的重要思想,并系统地论述了加强生态文明建设的价值取向、指导方针、目标任务、工作着力点和制度保障等相关内容。此外,习近平总书记还提出:"用最严格制度最严密法治保护生态

---

① 江泽民. 全面建设小康社会,开创中国特色社会主义事业新局面——在中国共产党第十六次全国代表大会上的报告[M]. 北京:人民出版社,2002.

② 胡锦涛. 高举中国特色社会主义伟大旗帜,为夺取全面建设小康社会新胜利而奋斗——在中国共产党第十七次全国代表大会上的报告[M]. 北京:人民出版社,2007.

③ 胡锦涛. 坚定不移沿着中国特色社会主义道路前进 为全面建成小康社会而奋斗——在中国共产党第十八次全国代表大会上的报告[M]. 北京:人民出版社,2012.

④ 习近平. 决胜全面建成小康社会 夺取新时代中国特色社会主义伟大胜利——在中国共产党第十九次全国代表大会上的报告[M]. 北京:人民出版社,2017.

⑤ 李雪松、孙博文、吴萍. 习近平生态文明建设思想研究[J]. 湖南社会科学,2016(03).

环境;生态兴则文明兴、生态衰则文明衰;坚持人与自然和谐共生"①等新思想、新理念、新战略,这些重要思想理念既是对马克思主义自然生态环境理论的新继承,也是对可持续发展理论的新发展。习近平生态文明思想,作为习近平新时代中国特色社会主义思想的重要内容,指明了我国未来生态文明建设的目标、方向、原则和途径,有助于我国进一步改善人民生活环境,对全国人民树立中国特色社会主义自信,具有深远的意义和重要的影响。

(二)中国传统文化依据

在中国五千年的传统文化中,蕴含着丰富的生态文明思想。继承和发展中国传统文化中道家、儒家、佛家有关生态文明的思想,并使这些思想发展和延续下去,不仅为我国生态文明建设提供了理论前提,更对后世影响深远。

1. 道家"道生万物"的生态整体观

道家是中国古代哲学的主要流派之一,老子、庄子为道家学派的主要思想者。庄子在《庄子·齐物论》一书中阐述了天地万物为一个整体的思想。指出,"天地与我并生,而万物与我为一"。主要是说天地与人类共同生存,万物与人类合而为一。庄子要求人类按照"道"的自然规律协调人与自然的关系,实现人与自然的统一。老子认为"天"与"人"合而为一。他肯定天地万物是一个整体,人也是天地万物的一部分。他指出,"道生一,一生二,二生三,三生万物。万物负阴而抱阳,冲气以为和。"②即"道"作为道教和道家思想的核心,是自然界与人类社会的根源和基础,天地万物是以"道"为其本源的有机统一的整体。"道"可分化为"阴阳"二气,包括人类在内的世间万物皆含"阴阳"二气,二气妙合相互作用继而产生"冲和"或"中和"之气,从而产生千变万化的世间万

---

① 中共中央文献研究室.习近平关于社会主义生态文明建设论述摘编[M].北京:中央文献出版社,2017.

② 陆元炽.老子浅释[M].北京:北京古籍出版社,1987.

物。即所谓的"道生万物"。道家思想从不同角度系统地论述了人与天地万物相统一的生态整体观，即宇宙万物从产生到发展循环反复。人与自然中的万物同根同源，在宇宙中相互依存，形成互为根本的和谐统一整体。人类如果为了追求自身利益，而过度向自然索取，轻视自然万物，必将导致人性的弱化以及人类道德感的缺失，有违人与自然和谐发展的基本规律。对道家"道生万物"生态整体观的分析与阐释，充分显示出我国古代传统文化思想对人与自然关系的深刻认识，为我国生态文明思想的发展奠定了坚实的哲学基础，在生态环境日益恶化的今天，仍然有着重要的生态学意义，有助于今后推动我国道德建设和生态文明建设的发展和进步。

　　2. 儒家"物用有节"的生态保护观

　　儒家思想是中国传统文化的主流，其思想中关于"物用有节"的生态保护观是生态文明的一个重要方面。首先，儒家提出"政在节财"的主张。孔子作为儒家学派的代表人物，提倡"政在节财"，主要是从政治和经济的角度来考虑治国问题。孔子《论语·学而第一》中说："道千乘之国，敬事而信，节用而爱人，使民以时。"即治理千乘之国，必须严肃对待，诚信无欺，节用资源，爱护众人，用工不违农时。在政治方面，要求统治者注重"礼仪"政治，强调有节制的政治，在施政过程中要节制自己的行为，节约人、财、物以德治国。在经济方面，主张节制利用自然资源，维持自然界的可持续发展，不要贪得无厌，从而避免对自然的掠夺和浪费。孔子在《论语·述而》中提出"钓而不纲，弋不射宿"的主张。这里，"纲"是布下钩多取鱼的方法。用绳网捕鱼不可无论大小一网打尽。射杀巢中的鸟儿也不可一巢打尽。儒家思想认识到资源的枯竭，会造成人类生存的危机，中断人类生存之本，因此反对毁灭野生资源的行为，强调可持续发展的社会发展战略。其次，儒家崇尚勤俭节约，适度消费。除了对大自然要"用之有节"，儒家还崇尚勤俭节约，荀子认为节俭可以抵制自然所带来的灾害，他在

《荀子·天伦》中指出："强本而节用,则天不能贫;养备而动时,则天不能病;修道而不贰,则天不能祸。故水旱不能使之饥渴,寒暑不能使之疾,祆怪不能使之凶。本荒而用侈,则天不能使之富;养略而动罕,则天不能使之全;倍道而妄行,则天不能使之吉。故水旱未至而饥,寒暑未薄而疾,祆怪未至而凶。"在中国古代,儒家学者已经认识到在利用自然资源时,要珍惜自然给人类提供的资源,在消费时要做到节用,不要浪费。孔子认为勤俭节约是仁人君子的一种美德。他在《论语·学而第一》中指出："君子食无求饱,居无求安。"意思是说君子吃饭不要求太饱,居住不要求安乐舒适。因为吃得太饱会多消费粮食,住得太舒适会耗费过多的土地和建筑材料,这些都没做到节用。在当时的社会状况下,生产力低下,物质财富匮乏,儒家学者提倡"物用有节",不仅能有效地解决资源短缺的问题、而且会使人们更好地生活,更加勤俭做到物尽其用,为子孙后代造福。[①]

3. 佛家"尊重生命"的生态平等观

佛学作为中国传统文化的一个重要组成部分,其文化理论中阐发了佛教的生命观,其中有关尊重生命、"众生平等"的思想包含了丰富和深刻的生态伦理思想,为人类重建人与自然的和谐提供了宝贵的文化资源。因此,要想使人与自然真正实现和谐,我们有必要探讨中国佛教思想对于当代生态文明建设的价值。有关佛教的生态文明思想,众生平等是佛教的核心思想,这里的众生是佛教关于人类与自然界以及其他生命体之间共生的关系。佛教认为一切皆有佛性,事事皆由缘生,强调生命本质是平等的。也就是说,佛、人、动物、植物等等世间万物都是平等的。且众生不仅有情分还皆有佛性,众生之间相互依存、相互影响,万物的生命价值与存在意义没有高下之分,他们都有追求更好生存环境的权利。佛教中有关生态文明的思想还提出,花草树木、鸟兽鱼虫

---

① 李娟. 中国特色社会主义生态文明建设研究[M]. 北京:经济科学出版社,2013.

都是具有佛性的,人类不应破坏自然中万物的生存规律,应该尊重万物的生命,保护众生,从而为人类和其他生命体营造和谐共生、相互依存的良好生存环境。

综上,道、儒、佛的生态思想虽然产生于遥远的古代,却具有跨越时代的价值。这些传统文化中孕育的生态思想不仅是我们社会主义生态文明建设的重要思想来源,更为我国生态文明教育工作提供了理论基础和现实依据。

(三)西方马克思主义的理论借鉴

20 世纪六七十年代,伴随着现代生态学的兴起和生态环境破坏的加剧,西方马克思主义在批判揭露资本主义固有矛盾的同时,将解决资本主义各种生态危机问题的方法寄托于马克思主义与现代生态学相融合的各种生态学马克思主义学说上。这些学说从根源上分析了生态恶化的原因,提出了解决生态问题的措施,希望通过改变思想来带动人们采取科学有效的环保行动来解决生态危机问题。因此,分析和了解西方马克思主义主要流派的思想和哲学思维,对我国如何在以公有制为基础的社会主义市场经济基础上,科学地有效地避免生态灾难、彻底解决国家所面临的生态危机问题具有重要的理论借鉴意义。

1. 人类中心主义与非人类中心主义

人类中心主义"主张在人与自然的相互作用中将人类的利益置于首要地位,强调人类的利益应成为人类处理自身与外部生态环境关系的根本价值尺度,而自然只是对人类起到工具的作用"[①]。我们如果追溯人类中心主义的起源可以上溯至古希腊人本主义思想家们"主客二分"的哲学思想,他们主张唤醒人的自我意识,强调"人是自然界的中心"。然而,按照哲学家亚里士多德的推断,人类才是主宰地球万物之首。他认为宇宙的中心是地

---

① 李娟. 中国特色社会主义生态文明建设研究[M]. 北京:经济科学出版社,2013.

球,地球上的一切事物都是围绕着人类而存在的。可以说,亚里士多德的这些观念才是西方传统哲学的根源。16世纪欧洲文艺复兴运动兴起,人类掀起人权和自由的思想解放浪潮,自然科学出现萌芽。到了17世纪以后自然科学全面发展,以"控制自然"为出发点的机械论哲学应运而生。至此,人类中心主义在人性解放、崇尚科学的前提下打开了思想阵地。当代,人类中心主义进一步扩大,在西方社会,人类把智慧、创造力、目空一切、恣意妄为以及对待自然的不负责任融合为一体,为了攫取更多的剩余价值,不计后果地发展经济。在发展中国家,为了发展经济、急于改变贫困落后的国家面貌、造福民众,政府提出控制自然、征服自然和改造自然,并把"人类中心主义"的思想通过政府行政手段付诸实施。这种只为当前利益而否定可持续发展理念,从而摒弃"代际公平"的思想,使得人类在短短300年间,受到了大自然的惩罚,并面对生存的危机。

非人类中心主义是相对人类中心主义而言的,它又是在人类中心主义发展的过程中应运而生的。非人类中心主义认为人类应重新思考人与自然的关系问题,提倡把人类自身视为自然界普通的一员,对任何破坏大自然的行为和观念持尖锐批评的态度,即使人类提出为了生存的原因也是不可原谅的。非人类中心主义按立论基本点不同大致分为个体主义和整体主义两大阵营,并不断向前发展:第一,个体主义发轫于早期的动物解放运动和动物权利论。代表人物分别为辛格和雷根,辛格作为动物解放论者的代表,他从功利主义伦理学出发,以动物的感受能力为道德平等的依据,认为动物也有快乐和痛苦之分,应把道德关怀扩展到动物,这一阵营认为动物应与人类享有同样的道德上的平等。因此,人类必须公平地考虑动物的利益,停止给动物带来痛苦。辛格还号召人们禁止用动物做实验,改掉肉食的习惯,改吃素食。以雷根为代表的动物权利主义者则从康德的道义论伦理学出发,他们提出动物和人一样,拥有不可侵犯的权利,因此动物同样需要保护。同时,雷根从人赋价值的角度出发,批判了只承认人才拥有价值与权利的观念："我们必须承认,作为个体,我们拥有同等的天赋价值,那么,理性——不是情感而是理性,就迫使我们承认,这些动物也拥有同等的天赋价值。而且,由于这一点,他们也拥有获得尊重的平等权利。"①第二,个体主义成就于施韦泽和泰勒的生物平等主义精神。1923年,阿尔贝特·施韦泽在其代表作《文明与伦理》一书中提出了现代意义上的生物中心论。他认为:"善的本质是保持生命、促进生命,使可发展的生命实现其最高的价值;恶的本质是毁灭生命,伤害生命,阻止生命的发展。"②因此,敬畏生命需要人类在保持自身生命的同时,帮助任何生命,使之不受伤害,而且由于生命的存在,人类应对其周围的生命负有责任。那么,人如何才能坚持敬畏生命的原则,承担起对伤害生命和毁灭生命的责任呢? 施韦泽认为,"敬畏生命伦理的关键在于行动的意愿,它可以把有关行动效果的一切问题搁置一边。"③任何人都应有意识地帮助他人减缓生命的痛苦、奉献自身的生命、救助他人的生命,这些都是一种努力缓和人与自然矛盾的精神提升。生物中心主义的另一位代表人物泰勒提出"尊重大自然"的伦理学观点,这一观点延承了施韦泽的"敬畏生命"思想,他认为自然界是一个相互依赖才能得以生存的系统,他从尊重一切生命的角度,提出在地球的漫长历史中,人类历史不过是沧海一粟,不应把人类看作是优于其他生物的物种。所有生命与人都具有相同的道德地位。第三,整体主义通常被等同于生态中心主义。与动物解放论和生物中心主义的生态伦理观不同,生态中心主义把人类道德义务的范围扩展到了整个生态系统(包括地球上的一切存在物及其生态系统),更加关注生态共同体而非有机个体,所以,生态中心主义更加注重生态系统的整体性。"大地伦理学"的

---

① (美)汤姆·雷根. 关于动物权利的激进的平等主义观点[J]. 哲学译丛,2000(02).

② (法)阿尔贝特·施韦泽. 敬畏生命[M]. 陈泽环译. 上海:上海社会科学出版社,1996.

③ 同上.

创始人利奥波德在《沙乡年鉴》中提出从整体主义和非人类中心论的角度来考虑问题,将自然整体化并看作是一个包含了人类在内的共同体,人类是这个共同体中的一员。"这就意味着,人不仅要尊重共同体的其他伙伴,而且要尊重共同体本身。"①因此,判断事情对错的标准就是它是否有利于生命共同体的完整和稳定。

综上,西方生态伦理学流派对中国生态文明教育的启示有以下三点:第一,我们应正确认识人类中心主义与非人类中心主义问题,始终坚持"人—自然—社会"和谐发展的观点。第二,我们要坚持人类平等和人与自然平等的原则,构建与可持续发展相适应的生态伦理观。第三,我们应承认自然界的内在价值,将人类保护环境的行为付诸实践。

2. 生态马克思主义

现代社会,随着经济发展和人民生活水平的不断提高,人们违背自然规律,一味追求经济增长,崇尚经济理性,使得生态环境遭到严重破坏,但伴随经济增长而来的是越来越严重的生态问题。就中国的实际而言,从沙尘暴、气候异常到雾霾天气频发,人类控制自然、对自然的侵略开始遭到自然的反击,如何平衡保持经济增长与生态和谐之间的问题,重新反思人与自然控制与被控制的关系,已成为我们需要思考的重大理论问题和现实问题。

在 20 世纪 70 年代,生态马克思主义理论应运而生,它就是西方马克思主义对这一重大问题——生态问题和人类发展问题的哲学思考。生态马克思主义理论早期的代表人物是西奥多·阿道尔诺和赫伯特·马尔库塞,之后经过威廉·莱斯及本·阿格尔的发展,生态马克思主义得以创立。生态马克思主义思想运用马克思主义的观点和方法,分析生态环境危机问题,主要是将生态理论与马克思主义相结合,强调人与自然的和谐统一。我国学者王雨辰在经过研究后,将生态马克思主义定义为:"西方马克思

---

① (美)奥尔多·利奥波德. 沙乡的沉思[M]. 北京:经济科学出版社,1992.

主义是运用马克思主义立场、观点和方法研究人和自然关系为理论主题的西方马克思主义新流派。它把资本主义制度及其生产方式看作当代生态危机的根源,揭示了资本主义制度下技术非理性运用的必然性,强调解决当代生态危机的途径在于实现社会制度和道德价值观的双重变革,实现生态社会主义社会。"①生态马克思主义理论坚持对资本主义社会制度及其生产方式的批判,把生态危机的根源直接归结于资本主义制度及其生产方式,否定了传统控制自然的观念,并深刻地揭示了生态危机的本质,倡导生态保护,把解决生态危机的希望寄托于社会主义。同时,生态马克思主义主张社会经济的发展必须与自然生态系统相协调,反对为了发展经济而破坏生态环境的做法,这些生态马克思主义观点为我国当代社会解决生态环境问题提供了借鉴和参考的理论来源。总之,理论来源于实践,理论指导实践,我们可以秉持一种扬弃性的态度来借鉴和学习生态马克思主义的理论思想。这一哲学理论思想不仅为我们深入学习和研究马克思主义理论拓宽了视域,还为生态文明建设提供了新的途径与方法,更为我国实现"美丽中国梦"助力。

---

① 王雨辰.西方生态学马克思主义的定义域与问题域[J].汉江评论,2007(02).

第二章　全球生态问题的凸现及大学生生态文明教育的兴起和发展

现今人类正在面对的各种生态危机问题,究其原因都是由于人类过度利用自然、无节制地向自然索取造成的,而且这种人与自然之间的矛盾还在日益尖锐。人类迫切需要寻找一种有效的方法来改善和解决这一问题,以素质培养为主要形式的生态文明教育,被认为对生态环境改善和社会矛盾缓和都发挥着重要的作用。因此,本章以介绍全球生态危机问题现状和产生危机问题的根源为开端,分析和总结了生态文明教育的缘起以及我国大学生生态文明教育发展的紧迫性和取得的成就。

一、全球生态问题的凸现

(一)生态问题的现状

所谓生态问题又称生态危机,是由于人类进行不合理的生产、生活等活动,而导致的生态功能或生态结构的破坏以及生命等的瓦解,从而威胁人类生存和可持续发展的一种现象。它主要包括资源问题、环境问题、人口问题等方面。20 世纪是生态问题萌生的世纪,进入 21 世纪,经济的迅速发展、人口的急剧增加、科技的不完善、人类对环保意识的不到位等等问题,使得生态环境问题愈演愈烈,并不断呈现出危害性、普遍性、持久性、人为性这四大特点,即生态问题不仅危害着自然,还威胁到了人类的生存和发展;生态危机不是局部性的问题而是超出国界成为跨国性甚至是全球性问题;生态危机的危害时间超出了人们的预期甚至影响到了子孙后代。然而这些破坏性强、影响广泛、危害持久的生态环境问题却是由人类自身造成的——干预自然变化规律、破坏生态平衡。即便如此,人类还是没有停止征服自然、主宰自然的脚步,大量的生态危机问题:大气污染、水污染、气候变暖、酸雨、森林资源锐减等已然成为当今社会的热议话题。

1. 多个物种资源濒临枯竭

经济迅猛发展、人口剧增耗费了大量的资源,目前资源的消耗已经超越了自然所能承受的极限。生态灾难的例子举不胜举。例如:第一,物种的灭绝。在漫长的生物进化过程中会产生一些新的物种,同时,植物的枯萎、动物的死亡,有时也并不仅仅意味着生命有机体的消失,也会使一些物种消失。但是近百年来,由于人口的急剧增加和人类对资源的不合理开发、环境污染等原因,使物种灭绝的速度加快。现今地球上生存着 500 万～1000 万种生物。在过去的几百年里,人类造成的物种灭绝速度比自然灭绝的速度要快 1000 倍,比物种的形成速度要快 100 万倍。也就是说,目前物种的消失速度大致由每天 1 种加快到每小时 1 种,约 23% 的哺乳动物、12% 的鸟类和 25% 的针叶树有灭绝的危险。第二,土地荒漠化。土地荒漠化简单地说就是指土地退化。1992年联合国环境与发展大会对荒漠化的概念作了这样的定义:"荒漠化是由于气候变化和人类不合理的经济活动等因素,使干旱、半干旱和具有干旱灾害的半湿润地区的土地发生了退化。"[①]土地荒漠化最终的结果就是沙漠化,造成沙尘暴频发。人类如不加以改善,荒漠化土地周边的农田、草场、铁路、城镇、工矿、乡村都将受到沙漠化的威胁,使土地荒漠化的情况继续扩大,目前土地荒漠化的问题已不单纯是一个生态环境问题,它正演变为更深层次的经济问题和和社会问题,为世界各国和地区带来不稳定因素。据统计,"全球荒漠化土地达 3600 万平方千米,占陆地总面积的四分之一,而且还在以每年 5 万～7 万平方千米的速度扩

---

① 王学俭、宫长瑞. 生态文明与公民意识[M]. 北京:人民出版社,2011.

展"，①直接导致人类的生存空间逐渐缩小。我国也是受荒漠化影响严重的国家之一，"截至 2004 年，全国荒漠化土地总面积为 263.62 万平方千米，占国土面积的 27.46%。"②第三，森林资源锐减。有一位哲人曾说过，"人类从砍伐第一棵树木开始，到砍倒最后一棵树木结束"。森林资源是人类赖以生存的重要自然生态资源之一。然而，由于森林及森林出产的木材和食品对人类十分宝贵或人类将森林土地挪作他用，世界上的森林资源正在被迅速砍伐，或被作为资源或被作为耕地、草场。"森林赤字"成为最典型的"生态赤字"。"地球上曾经有 76 亿公顷的森林，到 20 世纪初时下降为 55 亿公顷，到 1976 年已经减少到 28 亿公顷。"③目前，由于人类活动而导致的森林资源的流失仍在继续。无节制的放牧、经济发展的需要、人口的增长、发展中国家依赖于木材的出口带来收入，人类已经毁坏了世界上近一半的原始森林，而且每年大约有 310000 平方千米的热带雨林正在消失。森林资源的锐减产生很多负面影响，最明显的后果就是生物和基因多样性的丧失，而且还会导致土壤退化、沙漠化，影响海洋生物的生存和繁殖，加剧温室效应。第四，淡水资源危机。联合国认为，水资源将很快成为世界上最紧迫的环境和发展问题。地球是太阳系中唯一拥有大量水资源的星球，但水的总量是一定的。水资源通过海洋、江河、湖泊等水体以及土壤、大气、生物体循环运动。但地球表面大部分都是咸水，约占 97% 以上，只有大约不到 3% 的淡水，并多分布于冰川中。剩下仅有的 1% 淡水中，农业用水占 70%，工业用水占 25%，只有很少的一部分可供饮用和其他生活用途。就在这样的一个严重缺水的世界里，大量的人类可用水资源还在被滥用、浪费和污染。"在当今世界上，有 40 多个国家人民日常用水无法得到满足，世界上大约有 12 亿人口没有足够的饮用水

① 袁继池. 生态文明教育简明读本[M]. 武汉:华中科技大学出版社,2015.
② 刘永昌、初秀伟. 生态伦理与节约型社会[M]. 北京:航空工业出版社,2010.
③ 王学俭、宫长瑞. 生态文明与公民意识[M]. 北京:人民出版社,2011.

和清洁用净水。"①"世界上约三分之一的人口生活在水资源紧缺的国家。在阿富汗，缺水人口占国民总数的 87％，在埃塞俄比亚占 76％，乍得占 73％，塞拉利昂占 72％。中国目前也是一个严重缺水的国家。"②我国淡水资源总量为 28000 亿立方米，但人均只有 2200 立方米，是全球 13 个人均水资源最贫乏的国家之一。③

2. 人类生存环境遭到严重破坏

全球生态环境的恶化使得人类面临难以生存的现实。地震、洪涝、干旱、台风、滑坡、泥石流、崩塌、大气污染、水污染（包括海洋污染）、全球变暖、酸雨蔓延、臭氧层破坏。各种世界性的生态环境问题正在呈现范围扩大、难以防范、污染严重的特点。同时，环境恶化也危害着公众的健康，影响社会稳定，制约着世界经济和生态的可持续发展，并成为威胁人类生存和发展的重大问题。当前，威胁人类生存的环境问题主要包括：第一，大气污染问题。2017 年 1 月 23 日，英国多地遭遇严重雾霾侵袭。大本钟、伦敦眼、千禧桥等伦敦标志性建筑被淹没于雾霾之中。这仅仅是新闻之中的寻常报道，早在历史上，著名的伦敦烟雾事件、洛杉矶光学烟雾事件，其元凶也都是严重雾霾造成的。雾霾即源自大气污染。据了解，目前大气中的污染物有 100 多种，主要来源于自然因素和人为因素，其中人为因素是主要原因，尤其是工业生产和交通运输所释放的有害气体及颗粒物。长期暴露于这样的污染空气中，会对人类的呼吸系统、心血管系统造成危害，雾霾天气还不利于儿童的成长，影响人类的心理健康和生殖能力。第二，水污染问题（包括海洋污染）。当前，水污染问题是造成水资源短缺的主要原因之一。以我国为例，中国废水排放总量超过环境容量的 82％，七大水系严重污染，2800 千米河段鱼类灭绝。一些地区

---

① （美）拉娜·德索尼. 人与自然：我们星球的未来[M]. 上海：上海科技教育出版社，2011.

② 同上.

③ 袁继池. 生态文明教育简明读本[M]. 武汉：华中科技大学出版社，2015.

受到自然界中氟的污染,6300 万人口的饮水受到影响。另外,中国有 3800 万人的饮水中含盐量偏高,这些都是由水体污染造成的。第三,全球变暖。全球变暖是指全球气温升高。据联合国政府间气候变化专门委员会第五次评估报告《气候变化 2013:自然科学基础》显示,"在 1901 至 2012 年的 100 多年间,全球地表温度升高了 0.89 摄氏度;过去 30 年的气温比 1850 年以来任何时期都要高,而且很可能是北半球在过去 1400 年来最热的阶段。"①气候变暖将导致冰川融化海平面上升,生态系统遭到破坏。太平洋上的一些小岛,都有可能在今后的几十年里被淹没。同时,全球变暖还会给人类健康带来一系列的负面影响,如人类过敏加重、肾结石患病的可能性增加、外来传染病爆发、夏季肺部感染加重、藻类泛滥引发疾病等问题。此外,上面所提到的报告还称:"来自全球大部分地区的确凿科学观测证据显示,人类活动对气候系统的影响是'毋庸置疑'的,而且有 95% 以上的可能性是造成自 20 世纪中叶以来全球变暖问题的主导原因。"②

3. 人口迅速增长增加生态环境压力

最近几十年,地球人口数量急剧增加。2015 年,联合国发布《世界人口展望 2015 修订版》并指出,"当前 73 亿的世界总人口有望在 2030 年达到 85 亿,在 2050 年达到 97 亿,并在 2100 年达到 113 亿。"③世界人口数量之多,增速之快,是前人所意想不到的。随之而来的问题就是由于人口的激增,需要大量的资源来供给人类的生存,人口增长的速度超出了资源供给的承载范围,资源出现短缺,人类的生存环境遭到污染,一些国家甚至出现大范围的饥荒导致大量人口的死亡,这些问题都影响着人类的生存与发展。《增长的极限》这本书中就认为:"一些自然资源将会在 20

---

① 政府间气候变化专门委员会. 气候变化 2013:自然科学基础 [R]. 2013.

② 同上.

③ Key Findings and Advance Tables. World Population Prospects The 2015 Revision [R]. 2015.

世纪末被消耗殆尽，一些严重的生态问题将会在 21 世纪 30 年代和 40 年代间出现。"①虽然这些预言还没有成为事实，但过剩的人口数量已经超出了地球所能承载的能力，许多不可再生资源正在被非可持续地利用，人类正在对资源供给所造成的大量浪费和污染接受着"自然的惩罚"。地球人口的激增的确给生态环境带来了巨大的问题。

人口激增所导致的第一个问题就是人类基本生存条件遭到破坏，人口快速增长造成人类向环境的索求超出环境的承载力，对环境的破坏愈加严重：空气污染、江河湖海的污染、土地荒漠化、森林资源锐减等等问题随之而来。人口激增带来的第二个问题就是巨大的能源消耗。能源对于人类社会的发展来说是必需的。人类今天的大部分生产生活都离不开化石燃料的消耗，然而这些化石燃料的消耗很有可能就是空气污染的元凶。化石燃料经过燃烧加工后释放的有害气体，导致雾霾天气和全球气候变暖，严重威胁着人类的生存环境。同时化石燃料又是不可再生资源，据英国石油业首席科学家库宁在 2006 年召开的地球状况会议上源引的数据显示："以目前的石油生产速度，已发现的石油储量还能使用 40 年，天然气的储量还能使用 70 年，煤炭的储量还能使用 160 年，可能未发现的石油矿藏还可使用另外 40 年，天然气 70 年，由于煤炭的发掘还有一定的空间，可能至少还有 6 倍于此储量的煤炭未被发掘。"②人口问题带来的第三个问题就是大量的消费和浪费。人口的快速增长、经济的飞速发展拉动了居民的消费，消费的副产品就是污染和浪费。社会为人类提供了可供生存消费的一次性物品、过度包装、空调、汽车、各种饮食等等，这些消费品都需要大量的、源源不断的能源输入。目前，用于汽车的汽油消费量约占全球汽油消费量的三分之一以上，仅以上海市每年月饼包装生产为例，每年生产 1000 余万盒，这些月饼的包装

---

① （美）拉娜·德索尼. 人与自然：我们星球的未来［M］. 上海：上海科技教育出版社，2011.

② 同上.

要消耗 400~600 棵胸径 10 厘米的树木。如果从全国来计算,一个中秋节人们就要吃掉至少是这个数字 10 倍以上的树木。[①] 由此,资源不足、人口过剩、过度消费导致了地球资源消耗的巨大浪费。这样一个超负荷运转的地球再次为人类敲响了警钟——人人都是排放者,地球的生态环境正焦急地等待着我们去拯救。

(二)生态问题产生的根源

1. 人口问题引发生态危机产生

人口问题与生态环境危机问题有着密切的关系。一方面,人口数量增长多会对解决一些国家和地区劳动力供给问题或社会抚养负担降低问题产生积极作用,但在另外一些国家和地区则会造成人口与资源关系的进一步紧张。因为人口过多或数量上的迅速上升都会超越当地生态的持续可支撑能力,会阻碍这个国家或地区的经济、生态可持续发展,最终造成严重的生态环境问题。另一方面,人口过剩还会造成资源过度消耗的结果。目前,地球上人口的数量已经超出了地球的承载力,60%的资源其消耗速度都快于补给的速度,因此人类正在过度地消耗着地球上的资源,这样行为的后果就是:加重空气、水及土壤的污染程度;大量使用化石燃料引发大气污染、雾霾天气频发;过度使用包括森林、化石燃料及矿石等自然资源;同时人口问题还造成了政府无法为这么多的人提供净水和进行污水处理,以及由于土地用途改变而导致的生态系统失衡和随之而来的生物多样性的破坏等问题的出现。而且随着生态环境的不断恶化,很多地方将变得不宜居住。例如,由于全球变暖引发的冰川融化进而导致海平面上升,当恶劣的天气或气候状况来袭时,更多的人类家园将会因此而遭到破坏,由此延伸就会产生所谓的"环境难民""气候难民",并会进一步引发饥饿、营养不良、传染病高发、失业率犯罪率的增加以及因

---

① 刘晓君. 微小的暴行:生活消费的环境影响[M]. 北京:北京理工大学出版社,2015.

资源竞争导致的战争和冲突等社会问题和国家问题。因此,未来要实现人类的可持续发展,一个最重要的步骤就是继续减少人口的增长率,让科学和技术走在前面,节约和保护资源,爱护环境,改变人类的发展模式,唤醒人类的生态环保意识,鼓励人们积极主动地投身经济社会以及生态社会的可持续发展之中。

　　2. 环境制度不完善、执行力不足助长生态危机蔓延

　　面对日益严重的资源环境问题和人口压力,人类在环保制度和环保法规上的不完善和执行力不足是助长生态危机蔓延的另一原因。第一,在应对人口压力方面。各国政府中对人口控制力度最大的国家是中国。1979 年,中国的计划生育政策被独生子女政策所代替。中国减少生育 3 亿人口,这大大地减轻了因人口问题而对世界资源环境所带来的负担。但在其他发展中国家和欠发达国家中,仍然存在没有制定相关政策措施控制人口增长的问题,导致世界人口仍在不断增加。第二,在保护资源环境问题方面。由于各国在资源环境保护方面的政策不完善不健全,以及公职人员在资源环境保护的过程中执行力打折,导致资源环境保护未收到预期的效果。各国缺乏严格的考评体系和监督平台,以致在出现资源消耗、环境损害、生态效益受损的问题时,不能依法依规处理,追究当事人和监督人员的责任,导致生态环境问题扩大蔓延。

　　3. 消费主义盛行扩大生态危机发展

　　愈演愈烈的生态环境危机影响着人类的生存与发展,人们普遍认为人口的增长、政策措施的不完善及执行力不足是导致生态危机问题的原因,而由消费问题引发的生态环境问题,由于其分散性以及满足人类生活需求的合理性,却并未得到人类的足够重视。然而,生态危机问题的不断扩大及影响的进一步深入,向人类发出了警告,如果全世界的人们都像发达国家一样消费来满足自身的需求,那么地球资源即使再增加两三倍也无以满足人类的

需求。消费主义的代价就是消费的盛行正在扩大地球生态危机的发展。仅以消费的包装材料为例,过度包装正在加重消费者和生态环境的负担,在发达国家包装几乎占家庭垃圾的一半,例如,在英国,包装工业使用了5%的能源,在德国使用了40%的纸张,在美国使用了近四分之一的塑料,[①]这些都在告诉我们仅仅是在包装这一项的消费上就消耗了地球的大量资源。又如,汽车、飞机此类交通工具的广泛使用,除了消耗大量的资源之外,还造成了严重的污染,据英国皇家污染控制委员会发表的通报指出:"1994—1997年间,航空飞行造成的环境污染程度比过去增加了一倍。汽车排出的尾气是一个流动性强而又危害严重的污染源,它占大气污染的60%以上。"[②]

4. 人类生态环境保护意识低导致生态问题扩大

人类对于生态环境保护的关注度低、生态文明意识薄弱、生态消费意识淡漠等生态意识形态问题,都是造成目前全世界范围内生态环境问题扩大化的原因。第一,人类对于生态环境保护问题的关注度低。与其他社会问题相比,人类往往会把生态环保问题的关注排列在后。这说明人类不但对环境问题的关注、重视程度低,而且对生态环保的未来发展还缺乏足够的认识,这样的意识形态影响了全世界生态环境保护的效果。第二,人类现在的生态文明意识还很薄弱。这使得人类对于野生动植物保护、森林锐减、水土流失、海洋污染、耕地减少等人类日常的生态环境问题知之甚少,对于全球变暖、大气污染、化学污染、酸雨现象等全球生态问题更是无动于衷。因此,在这样的生态道德意识影响下,人类寻求积极处理解决与自身利益相关的环境污染事件的态度和行动就可想而知,这严重阻碍了全世界生态环保事业的向前发展。第三,人类的生态消费意识淡漠。"生态消费""绿色消费"应

---

① 刘晓君.微小的暴行:生活消费的环境影响[M].北京:北京理工大学出版社,2015.

② 同上.

该是为人类社会可持续发展所提倡的消费观念。然而,目前人类对于这一观念的认识还很模糊,多数情况下的生态消费意识都难以转化为实际行动,过度消费造成的污染浪费现象比比皆是,人类的消费欲望有增无减,许多发达国家甚至是发展中国家的人们仍然过着"奢华""浪费"的生活,这样的意识形态造成了生态环境保护问题的更进一步扩大。

二、生态文明教育的缘起

面对世界范围内愈演愈烈的人口问题、环境问题、资源问题等生态危机问题,人类经过探究发现导致这些危机的主要原因是世界范围内的人口激增、政策措施不到位、执行力不足、消费主义的盛行以及人类生态环境保护意识的低下等因素。在这种情况下,人类意识到保护环境、节约资源、减少浪费、维持生态平衡不仅需要发展科学技术,更需唤起人类的生态文明意识、构建生态文明观念。事实证明,人类一直在通过多种渠道不断地探索着人与环境、环境与社会协调发展的道路。那么,如何才能树立生态文明意识,构建人类的生态文明观念从而改变人们在处理人与自然关系时的不合理观念和态度,建立起正确的处理人与自然关系的观念呢?通过教育促进人类价值观和科学观的转变,帮助人类正确认识人与自然的关系,认识环境保护的重要性,学会保护生态环境的技能、制定科学的生态环境保护政策,才是有效解决生态问题的根本方法。于是,一系列的现实缘由:国外生态保护组织开展各种活动以及我国政府采取多种生态环保的政策措施,唤起了全世界乃至中国生态文明教育的兴起与发展。

(一)国外生态保护组织开展活动促进生态文明教育的兴起

生态文明教育是以环境教育为前身,以可持续发展教育为基础发展起来的。国际环境教育经历了早期发展、形成与发展、成熟发展三个阶段。中国的环境教育与国际环境教育相比晚了20年。然而,在一系列国外生态环保组织开展活动的促进下,世界乃至我国生态文明教育工作开始迅速兴起并广泛地发展起来。

1948年在巴黎会议上托马斯·普瑞查提出"环境教育"一词，标志着环境教育的诞生。1949年联合国召开了"资源保护和利用科学会议"，会后由联合国教科文组织发起成立了国际自然与自然保护联合会，这标志着国际组织开始注意到教育对环境保护的重要作用。1968年联合国教科文组织在巴黎召开"生物圈会议"，会上提出："将生态学内容编入现在的教育课程中；在高校的环科系培养专门人才；推动中小学环境教育学习的建设；设立国家培训和研究中心等。"①这标志着国际环境教育体系的初步形成。自1972年起，国际环境教育进入发展阶段，并迅速向全球发展。1972年6月5日"联合国人类环境会议"在瑞典斯德哥尔摩召开，全世界100多个国家以及非官方组织派代表参加了本次会议，会上通过了《人类环境宣言》，并提出了"只有一个地球"的口号。在这次会议上"环境教育"这个名称被正式确定下来。1975年10月，来自65个国家的教育领导人、专家参加了在贝尔格莱德召开的国际环境教育研讨会，会上充分肯定了多年来环境教育的重要性，并提出了国际环境教育的基本理念和框架，同时发表了联合国框架下第一个环境教育的国际宣言《贝尔格莱德宪章》。该宪章制定了一系列的环境教育方针，并成为今后国际环境教育的纲领性文件。1977年10月，国际环境教育掀起了一次高潮，代表会议为在苏联格鲁吉亚共和国第比利斯召开的首届政府间环境教育大会，这次会议确立了国际环境教育基本理论和体系，标志着环境教育从此全面走向国际化。1987年，联合国教科文组织和联合国规划署为了纪念第比利斯大会十周年，在莫斯科召开了"国际环境教育与培训大会"，大会通过了《20世纪90年代环境教育和培训领域国际行动战略》，大会还将1991—2000年定为"国际环境教育10年"，并确立了未来10年环境教育发展的规划及培训的具体措施等内容，这次会议在国际环境教育史上具有重要的

---

① （英）艾沃·古德森. 环境教育的诞生[M]. 贺晓星译. 上海：华东师范大学出版社，2001.

历史地位。

　　从 1987 年开始,国际环境教育更加成熟,有关环境教育的实践快速发展。国际环境教育从"为了环境而进行的教育"转变为"为了人类与环境的可持续发展而进行的教育"。这大大地推动了环境教育走向成熟阶段——可持续发展教育阶段。1983 年联合国召开第 38 届联合国大会,本次会议上成立了"世界环境与发展委员会"。该组织于 1987 年 2 月向联合国提出了题为"我们共同的未来"的报告,即《布伦特兰报告》,报告中第一次在人类历史上提出了"可持续发展"这一概念。1992 年 6 月,第二次人类环境大会——"联合国环境和发展大会"在巴西首都里约热内卢召开,来自全世界 120 个国家的首脑及 170 个国家的代表出席了本次会议,这是一次高级别的环境教育会议,具有划时代的意义。会议通过了《里约环境与发展宣言》(又称《地球宪章》)、《21 世纪议程》等重要文件,并提出了一个重要口号:"人类要生存,地球要拯救,环境与发展必须协调。"①《21 世纪议程》中明确提出了"面向可持续发展重建教育",这标志着可持续发展教育的诞生。1997 年 12 月,联合国教科文组织在希腊的塞萨洛尼召开了"环境与社会——教育和公众意识为可持续未来服务"的国际会议。这次会议延续了 1977 年第比利斯会议以来关于环境及可持续发展教育的精神和内容,并最终确立了可持续发展教育的地位。进入 21 世纪后,随着可持续发展教育的进一步深入,2002 年联合国在南非的约翰内斯堡召开了以"人类、地球和繁荣"为主题的可持续发展首脑会议。这次会议对可持续发展教育提出了具体的要求,并建议 2005—2015 年为"可持续发展教育 10 年",这次会议促进了可持续发展教育的向前发展,并最终促进人类走向新的文明教育——生态文明教育。

　　(二)我国政府采取多种政策措施推动生态文明教育的发展

　　1972 年 6 月联合国召开了著名的"联合国人类环境会议",中

―――――――――

　　① 　祝怀新 . 环境教育论[M]. 北京:中国环境科学出版社,2002.

国政府派出代表团参加了本次会议,这次会议的召开为中国环境教育吹响了前奏。1973 年 8 月在北京召开了中国第一次环境保护会议,"这次会议标志着中国环境保护事业和环境教育事业的发端,也奠定了中国环境教育概念的基本框架。"[①]1983 年底,随着中国第二次环境保护会议的召开,我国的环境教育正式步入了奠基阶段。到 1989 年全国第三次环境保护会议召开时,我国环境教育的地位已经得到了极大的提高,更预示着中国环境教育即将走向发展阶段。

　　1992 年联合国环境与发展大会的召开再一次成为人类环境教育史上的一次重大转折,标志着国际环境教育开始进入可持续发展教育阶段。1994 年 3 月中国政府颁布了国家级的"21 世纪议程"——《中国 21 世纪议程》,该议程的颁布将中国环境教育的性质由过去的"为了环境的教育"转变为"为了可持续发展的教育",这标志着中国的环境教育与国际环境教育真正地接轨,并正式开始了中国面向可持续发展的环境教育。在此之后,中国制定了《全国环境宣传教育行动纲要》将可持续发展的环境教育向制度化、规范化方向推进,建立环境专业教育培养环境科学专业人才,相继开展一系列的主体环保和宣传活动以及绿色创建活动,巩固和发展可持续发展教育的普及与发展成果,并将可持续发展教育向生态文明教育稳步推进。

　　进入 21 世纪,中国率先提出建设社会主义生态文明。2002年,中国共产党十六大报告提出,把建设生态良好的文明社会列为全面建设小康社会的四大目标之一。十六大报告的重要内容为我国可持续发展教育向生态文明教育转变开启了政策支撑的大门。2003 年 10 月党的十六届三中全会胜利召开,并提出了科学发展观这一重要理念,即要坚持"以人为本,树立全面、协调、可持续的发展观,促进经济社会和人的全面发展"。这一重要理念的提出为我国生态文明教育提供了强有力的思想理论基础。进

---

① 黄宇. 中国环境教育的发展与方向[J]. 教育与教学研究,2003(02).

入 2007 年,中国共产党召开第十七次代表大会,提出把建设生态文明作为我国未来发展的目标,这对我国生态文明教育提出了明确的任务,即通过生态文明宣传教育在全社会树立生态文明观念。2012 年,党的十八大报告在明确提出生态文明理念"尊重自然、顺应自然、保护自然"的基础上,①利用大篇幅论述了我国生态文明教育的具体内容,即通过开展多种形式的生态文明教育活动,使公民增强节约意识、环保意识和生态意识,杜绝公民中的奢靡之风,形成合理消费的社会风尚,在全社会营造爱护环境、保护环境的良好风气。2017 年进入中国特色社会主义新时代的关键时期,我国胜利召开党的第十九次全国代表大会,会议报告总结了我国生态文明建设已取得成效,向全社会提出在今后的各项工作中应全面贯彻落实"树立和践行绿水青山就是金山银山的理念,坚持节约资源和保护环境的基本国策,形成绿色发展方式和生活方式"②的生态文明建设基本要求,并在全面建成小康社会的决胜阶段为我国的生态文明教育工作再次指明了方向。当前,我国的生态文明教育进入了一个崭新的阶段,各种围绕着生态文明建设的主题宣传活动相继展开,倡导生态文明为主题的教育基地相继建立,各种生态文明建设和环保措施相继出台,中国的生态文明教育已经开始蓬勃发展。

三、我国大学生生态文明教育发展的紧迫性及取得的成就

（一）大学生参与生态文明建设的重要作用

十九大报告提出:"中国共产党第十九次全国代表大会,是在全面建成小康社会决胜阶段、中国特色社会主义进入新时代的关

---

① 胡锦涛. 坚定不移沿着中国特色社会主义道路前进 为全面建成小康社会而奋斗——在中国共产党第十八次全国代表大会上的报告[M]. 北京:人民出版社,2012.
② 习近平. 决胜全面建成小康社会 夺取新时代中国特色社会主义伟大胜利——在中国共产党第十九次全国代表大会上的报告[M]. 北京:人民出版社,2017.

键时期召开的一次十分重要的大会。"①从此,中国特色社会主义进入新时代,作为新时代中国特色社会主义思想和基本方略之一——坚持人与自然和谐共生的思想已经深入人心并占有十分重要的地位。十九大报告明确提出:"建设生态文明是中华民族永续发展的千年大计。"②生态文明强调人与自然的和谐相处,人与人、人与社会的和谐共生以及全面发展。我国目前处于新时代的关键时刻,需要一个崭新的主体来承担这一时代的重任。"青年兴则国家兴,青年强则国家强。中国梦是历史的、现实的,也是未来的;是我们这一代的,更是青年一代的。"③大学生群体作为青年一代的先进代表,他们正在学习新知识、新科技,理论水平处于同龄人中时代的最前沿。他们思维敏捷、思想先进、拥有远大抱负,更容易认识和接受国内外生态环保的政策措施,传播生态文明建设理念,参与生态环保实践行动。因此,国家必须重视针对大学生群体的生态文明教育,鼓励青年大学生积极参与我国生态文明建设,使之能在生态环境保护方面发挥重要作用。

1. 大学生是生态文明建设思想的传承者和宣传者

生态文明作为继工业文明后人类社会应遵循的文明形态,是人类文明发展的新阶段。根据发展需要,近年来我国政府号召加快生态文明建设,而大学生作为具有社会导向作用的特殊群体,对其开展生态文明教育,是贯彻政府号召的重要途径。因此,关于生态文明概念的学习,大学生既是生态文明思想的传承者,同时也可作为向全社会传播扩散生态文明思想的宣传者。当他们毕业时又将生态文明教育的先进理念和科学知识带入社会,影响社会,传播生态文明理念,将生态文明知识和生态文明行为融入社会之中,惠及社会的方方面面。同时,大学生可以通过多种途

---

① 习近平. 决胜全面建成小康社会 夺取新时代中国特色社会主义伟大胜利——在中国共产党第十九次全国代表大会上的报告[M]. 北京:人民出版社,2017.

② 同上.

③ 同上.

径和方式向社会传播生态文明理念,如互联网、微信、微博都是他们强有力的宣传武器,开展生态文明教育,践行生态文明行为,成为生态文明强有力的宣传队,都是大学生在校内以及毕业后努力实践的生态文明行为。当前国内很多高校成立的生态环保社团,他们与社会各级相关组织保持联系,积极参与环保宣传活动,不仅向校内的大学生传播和传授了生态文明知识,而且向社会宣传了生态文化,努力使我国社会主义生态文明理念深入到每一个国民的心中。

2. 大学生是生态文明建设工作未来的主要承担者

"中国特色社会主义进入新时代,我国社会主要矛盾已经转化为人民日益增长的美好生活需要和不平衡不充分的发展间的矛盾。"[①]在此之前的很长一段时间里,为了发展经济、提高人民生活水平,我国采取高消耗、高投入、低产出的"粗放型"经济增长方式,导致资源消耗加快、环境污染严重,最终成为阻碍我国生态文明发展的重要问题。只有革新技术、创新理念、调整产业结构、消费方式和经济增长方式、大力开展社会主义生态文明建设和加强全社会的生态文明教育,才能改变现有的生态环境现状,才能实现美丽中国的美好愿景。大学生是祖国的未来,青年中的优秀分子,通过努力学习,培养其生态环保的意识和生态文明建设的技能是时代赋予国家的使命。由于大学生年龄的优势,在未来很长的一段时间里,他们都将承担着延续社会文明、推动国家经济向前发展、巩固推进社会主义生态文明建设的历史使命。因此,国家只有重视大学生群体的生态文明教育,调动他们从事生态文明建设的积极性,才能真正实现我国生态文明建设的宏伟目标。

---

① 习近平. 决胜全面建成小康社会 夺取新时代中国特色社会主义伟大胜利——在中国共产党第十九次全国代表大会上的报告[M]. 北京:人民出版社,2017.

3. 大学生是生态文明建设未来成果的维护者和受益者

目前世界范围内的资源耗竭、环境恶化、气候异常等危机问题,已经威胁到了人类的生存家园,危害到了地球环境资源的可持续发展。人类如果不及早重视、加强生态文明建设、增强生态文明意识、建设良好的生态环境、积极探索改变现有的经济发展方式,全世界的人类尤其是青年一代以及他们的子孙后代未来将无法在地球上生存与发展。从我国现有的生态环境实际情况来看,资源约束趋紧、环境污染严重、生态系统退化等问题社会反响强烈,这既是重大的社会问题、经济问题,也是重大的政治问题。高校大学生只有在内心当中把生态环境保护放在突出的位置,像保护眼睛一样保护生态环境,不急功近利、不因小失大,才能积极投身社会主义生态文明建设,将环境保护这件大事铭记于心、落实于行。事实上,生态环境问题既是关系到国家发展的大事,也关系到大学生自身利益的大事:食品是不是安全、雾霾是不是能够减少、垃圾焚烧是不是有损健康、河流湖泊是不是能够清澈、新能源汽车的价格是不是能够承担等等经济社会生态问题,都是大学生关心、关注的主要问题,他们会通过微信、微博、互联网等传播平台表达自己的感受和看法,积极参与有关生态环境问题的探讨活动,承担起作为生态文明建设主要受益者和维护者的责任和义务。

(二)我国开展大学生生态文明教育的紧迫性

全球生态问题已成为影响国际经济和政治秩序的重要因素,事关各个国家发展战略的制定与实施。中国政府一贯秉持清醒的认识、高度负责任的态度和国际立场对待生态环境的保护问题。从深化环保领域的改革,完善环保制度体系入手,逐步提升生态环境保护的法治化水平,加深民众爱护环境、保护环境的参与度,大力开展全社会的生态文明教育。当前,大学生作为未来生态文明建设的主力军,加强大学生群体的生态文明教育意义重大,具有时代的紧迫性,任重而道远。

1. 开展大学生生态文明教育是生态文明建设的时代要求

习近平指出:"生态兴则文明兴,生态衰则文明衰。"①将建设生态文明的国家战略落到实处首先最重要也是最关键的一步就是要转变思想观念。"只有全民首先树立起生态文明的价值观、道德观、思想观,建设生态文明才有可能落到实处。而要增强全民环保意识、生态意识,在社会上营造爱护生态环境的良好风气,就需要不断加大生态文明宣传教育力度,将'生态文明'思想的火种播种在千家万户。"②高等学校以立德树人为根本任务,高校推进生态文明教育的程度将是影响社会发展和文明进步的重要因素。《关于加快推进生态文明建设的意见》明确指出:"将生态文明纳入社会主义核心价值体系,加强生态文化的宣传教育,倡导勤俭节约、绿色低碳、文明健康的生活方式和消费模式,提高全社会生态文明意识。"③因此,面对国内外环境保护的紧张局势,培养一支高层次的环境保护人才队伍的任务就显得十分紧迫。高校是科学知识和先进思想的聚集地,承担着弘扬、传播和实践生态文明思想理念的重要任务,又有优秀的师资队伍和科研力量作为支撑,理应成为我国开展生态文明教育的主阵地。大学生是接受生态文明新思想和生态文明新技能的主力军,借助强大的教育资源优势,积极开展大学生生态文明教育,培养大学生的生态文明素质,树立大学生的生态文明观,是生态文明教育的一个长期任务,也是改善我国当前生态环境危机问题的重要措施之一。

2. 开展大学生生态文明教育是高等教育创新发展的需要

教育是国家的基石。我国目前正处于决胜全面建成小康社

---

① 习近平. 决胜全面建成小康社会 夺取新时代中国特色社会主义伟大胜利——在中国共产党第十九次全国代表大会上的报告[M]. 北京:人民出版社,2017.

② 王春益. 生态文明与美丽中国梦[M]. 北京:社会科学文献出版社,2014.

③ 薛雷. 当代大学生"互联网+生态文明教育"模式及运行探究[J]. 长春师范大学学报,2016(08).

会,夺取新时代中国社会主义伟大胜利的关键时期,加大力度推进生态文明建设,在全社会增强贯彻生态文明发展理念的自觉性和主动性,已成为高校教育的重要责任和使命。当前,大学生是我国经济发展和社会建设的主力军,未来就业岗位会涉及全国的各个领域和各行各业,培养大学生的生态文明意识,关心他们能否在社会工作生活中践行生态文明思想,影响着其所在行业的生态文明建设进程和水平。因此,高校应积极转变教育理念、创新教育模式,尽快制定大学生生态文明教育创新发展的规划和政策,将生态文明教育融入高校教育体系中,为国家今后培养建设美丽中国所需的具有现代化生态文明观的各行各业高级创新型人才而贡献力量。①

3. 开展大学生生态文明教育是改变目前生态环境问题的迫切需要

面对党和国家对生态文明教育的越加重视,为祖国培养高素质人才的任务刻不容缓。环保人才是推动绿色经济发展的第一资源,是一切生态文明建设工作的根本。高校大学生的生态文明教育质量如何,直接影响生态文明建设相关政策的落实。为解决我国当前的生态环境危机问题,国家提倡全面节约资源、减少能源资源消耗强度、持续提高森林覆盖率,鼓励全社会成为全球生态文明建设的参与者、贡献者和引领者。因此,高校应本着坚持立德树人的根本要求,积极开展大学生生态文明教育,增强大学生群体的生态文明意识,不断提升大学生的生态文明素质,力争把他们培养成具有生态良知和生态责任的社会主义合格接班人。综上,我国当前积极开展大学生生态文明教育工作不仅是推进我国环保事业顺利进行、加快生态文明建设的迫切需要,更是推进中国特色社会主义事业可持续发展、实现中华民族伟大复兴历史使命的必然要求,需要全社会的高度重视。

---

① 薛雷.当代大学生"互联网+生态文明教育"模式及运行探究[J].长春师范大学学报,2016(08).

(三)我国大学生生态文明教育已取得的成就

我国的生态文明教育工作是随着我国生态文明事业的推进而开展起来的。从 1973 年第一次环境保护会议召开以来,40 多年间我国的生态环境教育工作从无到有,从零散到初具规模,发展到现在已经取得了显著的进步。

1. 党和政府高度重视大学生生态文明教育

当前,国家及社会各界对于生态文明建设的关注度逐渐加强,作为未来社会发展主导力量的大学生群体,对其开展生态文明教育势在必行。因此,在政府环保部门加强生态环境保护的同时,政府教育部门也想方设法地提升大学生生态文明教育的成效。教育部早在 2003 年下发的《教育部关于在各级各类院校开设环保课程普及环境教育有关情况的函》文件中,就已制定了"环境保护,教育为本"的教育方针,标志着生态环境教育成为全面开展素质教育的重要组成部分。国务院于 2005 年发布的《国务院关于落实科学发展观加强环境保护的决定》中强调,要大力弘扬环境文化,不断加强环境宣传教育,倡导全社会的生态文明。2012 年,在党的十八报告中,首次将生态文明作为"五位一体"的组成部分,提出生态文明建设的方针、发展方向和目标,强调加强生态文明宣传教育,体现了党和政府对生态文明教育的高度重视。在 2013 年国家印发的《中共中央关于全面深化改革若干重大问题的决定》中,又进一步明确了大学生生态文明教育的重要作用,指明这项工作是加快我国生态文明建设行之有效的方法和途径,是高校传播生态文明知识、弘扬生态文化的新使命。总之,随着我国经济社会的向前发展,国家高度重视大学生生态文明教育工作,为其顺利开展颁布制定了一系列的政策规章措施,大多数高校将生态文明教育列为重点课程,并视为未来人才培养的一项基础工程。

2. 大学生参与环境保护的热情日益高涨

通过各高校相继开展大学生生态文明教育实践活动,大学生接受生态文明教育的热情得以明显提升。例如,清华大学开展实施了"绿色大学"计划,通过组织大学生开展生态文明主题文化周、生态文明视频放映以及青年环境友好使者培训等活动,丰富了大学生生态文明的教育形式;北京林业大学开展了大学生绿色长征活动,引导大学生学习先辈不畏艰难的革命精神,从而在为维护生态环境的道路上勇往直前;复旦大学投入专项资金打造了一批生态文明教育场所,其中包含建立实验动物纪念碑、开放式生物研究重点实验室、创建校外大学生社会实践活动基地,学校通过多种实践活动形式切实推进了生态文明教育工作;东北林业大学则借助森林公园所蕴含的优质生态环境,对在校大学生开展生态科普教育,加强了大学生对生态基本概念的理解。

3. 初步形成了我国大学生生态文明教育的框架体系

我国高校通过近几年的研究与摸索,推动了大学生生态文明教育的顺利开展,初步形成了大学生生态文明教育教学框架。例如在课程的设置方面结合生态文明教育内容及教学理念,开设了《环境伦理学》《环境学概论》《生态学基础》《生态文明教育》《环境保护法》等主干课程;此外,还开设了《马克思主义哲学原理》《马克思政治经济学原理》《思想道德修养》等多门辅助课程,这些课程中包含了"人与自然辩证统一关系原理""人与社会是自然界长期发展的产物"等相关理论,为大学生生态文明教育内容提供了理论支撑,进一步加快了我国大学生生态文明教育内容和理念的形成。此外,高校还结合一些实践活动,进一步深化大学生生态文明教育成果,形成"理论与实践相结合""知行统一"的生态文明教育教学理念。例如,由中央团委发起"保护母亲河行动",黑龙江省教育厅开展的关于"弘扬生态文明,共建绿色校园"活动以及各高校在每年6月5日世界环境日开展的生态文明教育系列活动等社会实践。

第三章　大学生生态文明教育
存在的问题及成因

第二章中,通过对全球生态环境现状问题的梳理,我们分析了生态环境问题产生的原因。据此,我们探究出生态文明教育在解决生态问题方面的重要作用以及其兴起和发展的过程,并进一步阐释了我国大学生生态文明教育的紧迫性及取得的成就。本章我们首先依据实证研究的数据整理出当前我国大学生生态文明教育存在的问题,依据问题进一步分析大学生生态文明教育问题产生的原因,从而为后面章节中找到解决问题的途径奠定基础。

一、问卷调查的基本情况

(一)问卷设计

研究人员在全国范围内对在校大学生的生态文明意识情况及高校开展生态文明教育与管理情况进行了抽样调查。问卷调查的主要内容分为两大部分:第一部分是对调查对象的信息采集,设置为定类变量,包括被调查者所就读院校、所在年级、性别三项,目的是为不同年级进行的分析提供可靠数据,以便进行比较性研究。第二部分是调查的具体内容,主要涵盖大学生的生态忧患意识、生态价值意识、生态道德意识、理性消费意识和环境法治意识五个方面的生态文明意识内容,共设置 28 道题目,分别记为 Q4-Q31。其中设置选择题 27 个(其中多选题 4 个):单选题分别记为 Q4、Q6、Q7、Q10-Q24、Q26-Q30;多选题分别记为 Q5、Q8、Q9、Q25;开放性问题 1 个,记为 Q31。

(二)问卷内容

1. 个人基本情况

基于对大学生生态文明教育情况的分析,设置了性别、就读学校以及就读年级三个问题。

2. 生态文明知识的知晓度调查

问卷中的 4、5、6、7、8、10 题,分别从生态文明知识、雾霾知识、生态文明概念(对世界环境日的了解程度)和环境法治知识(考查环境问题举报电话)四个方面,考查大学生对生态文明知识的掌握情况。

3. 生态文明建设的认同度调查

问卷中的 11、12、13、15 题,分别从大学生对生态文明建设的认同、对整体环境问题的关注两个角度,考查大学生对我国环境状况的关注程度和对我国生态文明建设的认同度。

4. 生态文明理念的践行度调查

问卷中的 9、14、16~22 题,分别从出行行为、居家行为、环境道德行为、理性消费行为、环保节约行为和参与行为六个方面,考查大学生生态环境友好行为的自我约束、自觉行动状况。

5. 高校大学生生态文明教育与管理工作开展情况调查

问卷中的 23~30 题,分别从生态环境保护措施、校园环境状况、高校开设生态文明教育课程情况、开展生态文明教育活动及社团建设情况等方面,考查了解当前高校大学生生态文明教育的实际情况。

6. 大学生心中"美丽中国"的调查

包括主观题 1 道(第 31 题)。意在探索大学生内心的真实想法,获得更多有关大学生对我国生态文明建设的意见和建议。

(三)问卷发放情况

问卷发放形式为手机 APP 发放与访谈定向式发放相结合,以突出被测主体的自主性和自愿性。2000 份问卷共发放给全国 20 个省市、自治区 75 所院校的在校生。其中 93.68% 的问卷集中发放在黑龙江省所属的 14 所院校,另外 7.32% 的问卷发放至我国大陆不同区域、不同层次的其他 61 所高等院校。这 61 所院校包括北京市 7 所、天津市 4 所、上海市 3 所、河北省 2 所、内蒙古自治区 3 所、陕西省 2 所、山西省 3 所、山东省 7 所、浙江省 2 所、江苏省 1 所、安徽省 1 所、四川省 2 所、辽宁省 4 所、湖南省 2 所、湖北省 4 所、福建省 1 所、新疆维吾尔自治区 1 所、海南省 1 所、吉林省 1 所、黑龙江省 10 所。投放院校的门类涉及医药类院校 6 所、艺术类 3 所、师范类 4 所、财经类 5 所、农林类 7 所、工科类 26 所、民族类 1 所、综合类 15 所、政法类 1 所以及其他类院校 7 所。投放院校层次涉及本科类院校 68 所,专科类院校 7 所。问卷发放院校范围较广,涉及院校种类齐全,涵盖院校层次齐全,对黑龙江省院校及本科类院校有所侧重,调查结果能够反映当前大学生群体的生态文明意识状态以及高校生态文明教育管理工作开展的现实情况。

(四)问卷有效性判定

为了保证问卷数据的真实性和统计的科学性,无效问卷的判定标准为:第一,受访者基本信息不全或填写不正确;第二,除主观题(31 题)外,有两道或两道以上未作答的;第三,单选题出现多个选项的;第四,超出备选选项范围的;问卷实际共投放 2000 份,根据数据核查结果,回收问卷 1938 份,问卷回收率为 96.9%;其中无效问卷 7 份,有效问卷为 1931 份,问卷有效率为 96.55%。

表 3-1　无效问卷分布情况

无效类别	具体原因	无效问卷数
受访者基本信息不全或填写不正确	不愿意填写或填写不正确	6
两道或两道以上未作答	问卷填写匆忙,检查不严	1
单选题出现多个选项的		0
超出备选选项范围的		0

此外,本次调查所采集的有效个案,在学生所在年级和性别方面的统计信息分别如下:受访大学生的所在年级分配比例为:大一学生 1174 人,占总人数的 60.80％,接近 3/5。大二学生 332 人,占总人数的 17.19％;大三至大五学生共 333 人,占总人数的 17.24％;合计本科类学生共 1839 人,占总人数的 95.19％,本科类学生人数占绝大多数的受访学生人数。大专类学生 92 人,占总人数的 4.76％,相对较少。本次调查侧重于本科学生且偏重低年级,意在了解最新的大学生生态文明意识发展状况。在受访的大学生中,男生人数为 707 人,占总人数的 36.61％;女生人数为 1224 人,占总人数的 63.39％。教育部 2013 年关于普通本专科学生数据统计显示女生在校人数比例大于男生。我们统计的性别比例也与这个统计较为接近。

(五)问卷结果的分析

从生态文明知识的知晓度、生态文明建设的认同度、生态文明理念的践行度以及高校大学生生态文明教育与管理工作开展情况四个方面对大学生的生态文明意识及高校开展生态文明教育与管理工作情况进行评价。

1. 生态文明知识的知晓度

问卷通过 5 个与生态环境有关的问题来考查大学生对生态文明知识的掌握程度。包括生态文明、通过什么渠道了解生态文明、世界环境日、PM2.5、雾霾、环境问题举报电话。

第一，呈现"高知晓率、低准确率"，不了解率低。调查结果显示大学生对"生态文明"概念的知晓率达到92％，表现出大学生的知识能力水平较高，具备较高的政治敏感度。但从"知道得不多"一项所占比率为83.58％来看，说明国家和社会以及高校今后在生态文明教育方面还有待加强宣传和推广，以满足大学生对这方面知识的需求。

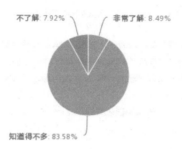

图 3-1　您了解"生态文明"吗？统计情况

表 3-2　您了解"生态文明"吗？统计情况

答案选项	回复情况
非常了解	164
知道得不多	1614
不了解	153

在准确率方面，问卷选取了雾霾、世界环境日、PM2.5、环境举报电话4个方面的知识，考查大学生对生态文明知识掌握的准确程度。在这四个概念中，大学生对雾霾的了解率最高，由于雾霾问题直接影响着人类的生存，是人们日常生活的切身感受，大学生对这一社会热点问题表现出特别的关注，影响着他们对生态问题的认知度。相对雾霾问题，世界环境日、PM2.5、环境举报电话答题的准确率分别为36.20％、27.40％、57.95％。说明大学生对基本的生态文明概念的了解还处于初级阶段，没有形成准确连贯的知识体系。对生态文明常识仍有欠缺，没有达到熟练认知的

程度。因此,大学生对于生态文明知识的渴望与实际他们掌握的知识储备存在着矛盾。这一矛盾对于今后提升大学生生态文明知识的水平具有积极的促进意义。

此外,对世界环境日、PM2.5、环境举报电话 3 个方面的知识,大学生的不知情率分别为 16.62％、1.09％、30.55％。这反映出近年来由于我国生态文明科普知识宣传相对广泛,大学生对生态知识的不了解率正在降低,但这一优势仍无法弥补"准确率"的劣势。

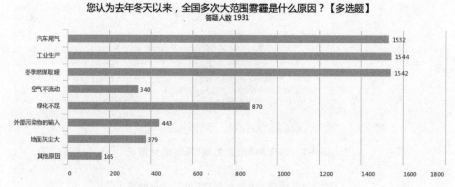

图 3-2   您认为去年冬天以来,全国多次大范围雾霾是什么原因？统计情况

表 3-3   您认为去年冬天以来,全国多次大范围雾霾是什么原因？统计情况

答案选项	回复情况
汽车尾气	1532
工业生产	1544
冬季燃煤取暖	1542
空气不流动	340
绿化不足	870
外部污染物的输入	443
地面灰尘大	379
其他原因	165

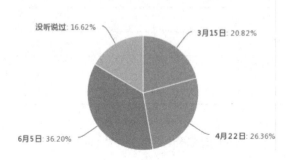

图 3-3　"世界环境日"是哪一天？统计情况

表 3-4　"世界环境日"是哪一天？统计情况

答案选项	回复情况
3 月 15 日	402
4 月 22 日	509
6 月 5 日	699
没听说过	321

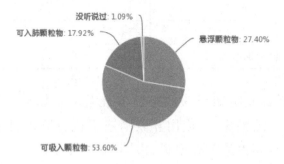

图 3-4　"PM2.5"是什么？统计情况

表 3-5 "PM2.5"是什么？统计情况

答案选项	回复情况
悬浮颗粒物	529
可吸入颗粒物	1035
可入肺颗粒物	346
没听说过	21

环境问题举报电话是多少？【单选题】
答题人数 1931

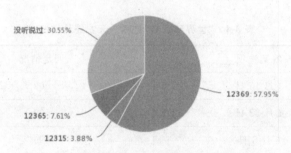

图 3-5 环境问题举报电话是多少？统计情况

表 3-6 环境问题举报电话是多少？统计情况

答案选项	回复情况
12369	1119
12315	75
12365	147
没听说过	590

第二，生态文明知识获取渠道多元化、现代化，尤以网络、电视为主。调查结果显示，使用互联网或手机互联网已成为大学生获取生态文明知识的首要渠道，占 78.51％；排名第二位的是收看电视和收听广播，占 72.55％。这说明随着我国网络的迅速普及，手机互联网的信息传递功能呈现上升势头，大学生作为手机互联网的主要应用群体，正在更多地从互联网中获取各种知识。因

此,我国的各级环境宣教部门需适应资讯传播技术的发展趋势,更加注重新媒体的支持与运用,从而加大生态文明教育的手机网络宣传力度。排名第三、第四、第五位的分别是报纸/杂志/图书、标语或宣传活动以及课堂学习、讲座、培训等,分别占 59.92％、48.99％和 35.78％。调查结果显示,我国高校对大学生生态文明教育投入的力度不够,课堂学习、讲座、培训等高校常见的教育教学手段更成为大学生了解生态知识较少的渠道。可见国家不仅需要加强环境相关部门的宣传教育力度,更应尽快完善有关大学生生态文明教育的教育教学体系,使大学生能够在校园在课堂了解和学习更多的生态知识,助力我国生态文明建设。

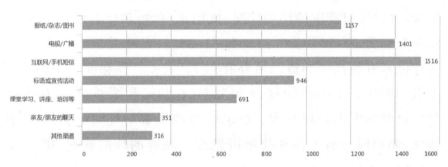

您通过什么渠道了解生态环保知识和信息？【多选题】
答题人数 1931

图 3-6　您通过什么渠道了解生态环保知识和信息？统计情况

表 3-7　您通过什么渠道了解生态环保知识和信息？统计情况

答案选项	回复情况
报纸/杂志/图书	1157
电视/广播	1401
互联网/手机短信	1516
标语或宣传活动	946
课堂学习、讲座、培训等	691
亲友/朋友的聊天	351
其他渠道	316

2. 生态文明建设的认同度

"认同度是一种情感性体验,不必以科学准确的生态文明知识为前提,也不必受生态文明知识'低知晓度''低准确率'的严格约束,是人类基于生存处境和对环境的传统而稳定的一般理解形成的基本态度与立场"。大学生对生态文明建设的认同度,调查问卷通过其对生态环境状况的关注情况来进行衡量。问卷主要通过3个方面的问题来考查大学生对我国生态文明建设的认同度,包括我国的环境状况、饮用水/食物和放射性污染。

第一,大学生总体对生态文明建设的认同度较高。调查结果显示,大学生对我国的环境状况、饮用水/食物和放射性污染的关注率分别为94.36%、89.33%和61.26%,表明大学生对生态文明建设具有很高的期待。另外有5.13%、9.37%和35.84%的学生很少关注。不关注的仅占0.52%、1.29%和2.90%。表明大学生对我国生态环境状况、饮用水/食物及放射性污染情况十分担忧,期望国家通过各种政策措施改善现有的环境状况,提升人民的生存质量。

表3-8 大学生对我国环境状况、饮用水和食物、放射性污染关注情况

	我国环境状况	饮用水和食物	放射性污染
非常关注	94.36%	38.53%	16.62%
比较关注	—	50.80%	44.64%
很少关注	5.13%	9.37%	35.84%
不关注	0.52%	1.29%	2.90%

对于当前我国的环境状况，您怎么看？【单选题】
答题人数 1931

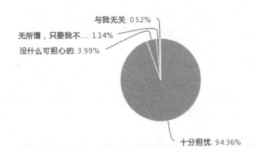

图 3-7　对于当前我国的环境状况,您怎么看？统计情况

表 3-9　对于当前我国的环境状况,您怎么看？统计情况

答案选项	回复情况
十分担忧	1822
没什么可担心的	77
无所谓,只要我不受害	22
与我无关	10

对喝的水和吃的食物，您会关注是否受到污染吗？【单选题】
答题人数 1931

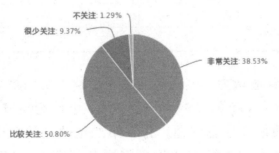

图 3-8　对喝的水和吃的食物,您会关注是否受到污染吗？统计情况

表 3-10　对喝的水和吃的食物,您会关注是否受到污染吗? 统计情况

答案选项	回复情况
非常关注	744
比较关注	981
很少关注	181
不关注	25

您平时关注核辐射、手机辐射、居家放射性污染等信息吗? 【单选题】

答题人数 1931

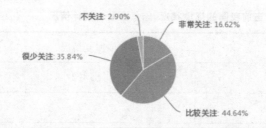

图 3-9　您平时关注核辐射、手机辐射、居家放射性污染等信息吗? 统计情况

表 3-11　您平时关注核辐射、手机辐射、居家放射性污染等信息吗? 统计情况

答案选项	回复情况
非常关注	321
比较关注	862
很少关注	692
不关注	56

　　第二,普遍认为空气污染问题是影响生活的最大生态问题。调查结果显示,有 64.79% 的受访大学生认为空气污染问题是影响生活的最大生态问题。排在第二位的是饮食卫生问题,占 22.37%;饮水质量及生活垃圾问题分列第三、第四位,分别占 6.84% 和 4.92%。据《环境保护部发布 2015 年全国城市空气质量状况》报告显示,"2015 年全国 338 个地级及以上城市空气

质量平均达标天数比例为 76.7%,73 个城市空气质量达标,占
21.6%,达标城市主要分布在福建、广东、云南、贵州、西藏等省、
自治区。监测结果表明,338 个城市 PM2.5、PM10 分别超过年均
值二级标准 42.9%、24.3%。京津冀区域环境空气 PM2.5 浓度
仍超标较重。"①这反映了空气质量问题正在严重影响着人们的各
项事务,从生活到生存。国家环保部更像天气预报日日播报一
样,每日提出全国环境空气质量时时检测预报。各种国家对空气
质量问题检测和改善的措施,无不影响着大学生群体,激发了大学
生们对这一生态问题的强烈关注度。因此,各种有关保护空气污染
和改善空气质量的问题,必将成为大学生们热衷学习的焦点。

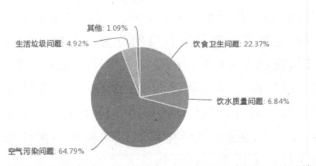

图 3-10　当前就您来看,对您生活影响最大的生态问题应该是? 统计情况

表 3-12　当前就您来看,对您生活影响最大的生态问题应该是? 统计情况

答案选项	回复情况
饮食卫生问题	432
饮水质量问题	132
空气污染问题	1251
生活垃圾问题	95
其他	21

---

① 环境保护部发布 2015 年全国城市空气质量状况[EB/OL]http://www.zhb.
gov.cn/gkml/hbb/qt/201602/t20160204_329886.htm.

3. 生态文明理念的践行度

践行度反映了公众在生态文明上的"知行合一"水平，即所知在多大程度上直接反映为"所行"。问卷列举了 9 项有关生态文明和资源节约的行为，涵盖了人们日常生活的多个方面，考查大学生参与生态文明建设的情况。我们制作了一份列表将大学生日常参与生态文明建设行为的人数比率直观呈现出来。

第一，"律己"性强，节约意识一般，缺乏影响、监督他人的行为。大学生对生态文明理念的践行度可以从三个层面进行衡量：一是否主动规范自身行为；二是否自觉节约生态资源，保护生态环境；三是否能够宣传生态文明，带动身边人参与生态文明建设。调查结果显示，受访大学生能够随手关灯和水龙头的，占99.38%；能够不乱扔垃圾的，占 99.12%，表明大学生具有较强的"律己"性，能够很好地规范自身的行为。但涉及与自身利益相关的问题时，显示有 49.30% 的受访大学生从未抄近路线践踏草坪。这说明大学生在与自身利益相关的生态文明建设方面表现出的践行度一般。同时，仅有 6.63% 的受访大学生从不主动使用一次性餐具，5.13% 的受访大学生从不主动使用一次性塑料袋。说明大学生在日常生活中与自身利益无关的情况下，忽视了生态资源的节约问题。此外，有 15.38% 的受访大学生从不向身边人宣传环保、70.48% 的大学生有时向身边人宣传，表明大学生"律他"意识薄弱，缺乏影响、监督他人的行为。

表 3-13　受访大学生日常行为表现

	随手关灯和水龙头	抄近路践踏草坪	主动使用一次性餐具	使用双面纸的习惯	主动使用一次性塑料袋	向身边人宣传环保
总是	90.32%	1.76%	16.11%	54.95%	26.51%	14.14%
有时	9.06%	48.94%	72.66%	38.68%	65.04%	70.48%
从不	0.62%	49.30%	6.63%	6.37%	5.13%	15.38%

若您手中有垃圾却没有垃圾桶，您会如何处理？【单选题】
答题人数 1931

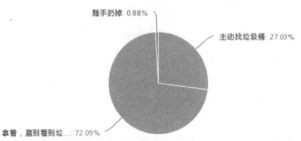

随手扔掉: 0.88%
主动找垃圾桶: 27.03%
拿着，直到看到垃…: 72.09%

图 3-11　若您手中有垃圾却没有垃圾桶,您会如何处理？统计情况

表 3-14　若您手中有垃圾却没有垃圾桶,您会如何处理？统计情况

答案选项	回复情况
主动找垃圾桶	522
拿着,直到看到垃圾桶	1392
随手扔掉	17

您有"随手关灯和关水龙头"的习惯吗？【单选题】
答题人数 1931

从不: 0.62%
有时候: 9.06%
总是: 90.32%

图 3-12　您有"随手关灯和关水龙头"的习惯吗？统计情况

表 3-15　您有"随手关灯和关水龙头"的习惯吗？统计情况

答案选项	回复情况
总是	1744
有时候	175
从不	12

您平时会为了抄近路而践踏草坪吗？【单选题】
答题人数 1931

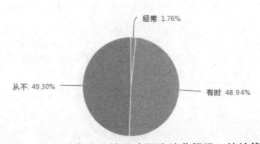

图 3-13　您平时会为了抄近路而践踏草坪吗？统计情况

表 3-16　您平时会为了抄近路而践踏草坪吗？统计情况

答案选项	回复情况
经常	34
有时	945
从不	952

当您用餐时，您经常会主动使用一次性餐具吗？【单选题】
答题人数 1931

图 3-14　当您用餐时,您经常会主动使用一次性餐具吗？统计情况

表 3-17　当您用餐时,您经常会主动使用一次性餐具吗？统计情况

答案选项	回复情况
经常	311
偶尔	1403
完全不用	128
没想过	89

您有纸张双面使用的习惯吗？【单选题】
答题人数 1931

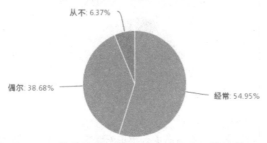

图 3-15 您有纸张双面使用的习惯吗？统计情况

表 3-18 您有纸张双面使用的习惯吗？统计情况

答案选项	回复情况
经常	1061
偶尔	747
从不	123

当您购物时，您会主动使用一次性塑料袋吗？【单选题】
答题人数 1931

图 3-16 当您购物时,您会主动使用一次性塑料袋吗？统计情况

表 3-19 当您购物时,您会主动使用一次性塑料袋吗？统计情况

答案选项	回复情况
经常	512
偶尔	1256
完全不用	99
没想过	64

您会向身边的人宣传生态环保知识吗？【单选题】
答题人数 1931

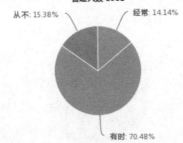

图 3-17　您会向身边的人宣传生态环保知识吗？统计情况

表 3-20　您会向身边的人宣传生态环保知识吗？统计情况

答案选项	回复情况
经常	273
有时	1361
从不	297

　　第二,涉及与自身利益相关的问题时"律他"意识薄弱。调查结果显示,如果发现环境污染行为,选择举报污染环境行为的受访大学生占 60.59%,这一比例只占受访者的 3/5。说明大学生群体对环境污染问题虽然有认同度,但在践行度方面由于种种原因,还有接近 2/5 的学生选择置之不理,表现出薄弱的"律他"意识,尤其在与自身利益相关的问题上,大学生的生态正义感往往比较薄弱。因此,面对大学生群体中的这一现象,国家和高校更应加大对大学生生态知识和生态正义感的培养教育。

如果发现了污染环境行为，您会怎么办？【单选题】
答题人数 1931

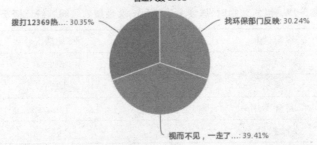

图 3-18　如果发现了污染环境行为,您会怎么办？统计情况

表 3-21　如果发现了污染环境行为,您会怎么办? 统计情况

答案选项	回复情况
找环保部门反映	584
视而不见,一走了之	761
拨打 12369 热线反映问题	586

第三,积极采取措施保护自身健康安全,生态知识薄弱。调查结果显示,针对雾霾天气大学生所采取的应对措施中,佩戴 KN90 型或 N95 型口罩的学生,占 67.32%;减少户外活动(57.85%);外出归来立即清洁面部和裸露的肌肤(38.17%);注意合理开门窗(34.80%);有针对性地调整饮食(18.33%);其他措施(7.09%);没有采取任何措施(8.34%)。这说明大学生在处理与自身健康相关的问题时,能够寻找积极有效措施保护自己,且形式多样。但由于生态知识方面的薄弱,对各项健康保护措施认识不够,有待继续完善。

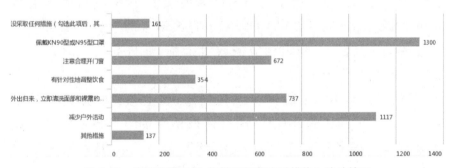

图 3-19　针对雾霾天气,您做了哪些应对措施? 统计情况

表 3-22　针对雾霾天气,您做了哪些应对措施? 统计情况

答案选项	回复情况
没采取任何措施(勾选此项后,其他选项均不能勾选)	161
佩戴 KN90 型或 N95 型口罩	1300

答案选项	回复情况
注意合理开门窗	672
有针对性地调整饮食	354
外出归来,立即清洗面部和裸露的肌肤	737
减少户外活动	1117
其他措施	137

4. 高校大学生生态文明教育与管理工作开展情况

针对高校大学生生态文明教育与管理工作开展情况的调查主要涉及问卷的 23～30 题,并从以下七个方面进行考查,包括对当前校园环境的满意度、学校生态文明建设中的问题、高校是否开设生态文明相关课程、希望开设哪些内容的生态文明课程、学校是否开展过有关生态文明教育的活动、学校是否有以生态文明为主题的协会或社团以及提高大学生生态文明意识及践行能力的有效措施的调查。由于受访人群为大学生,因此是从大学生的视角来调查此项问题,有助于国家了解大学生的生态知识需求和生态意识状况,从而制定相应的政策措施,促进高校今后开展生态文明教育与管理工作。

第一,大学生需要提升生态责任意识,生态文明知识有待完善。有关此项问题的调查从"面对越来越严重的生态破坏最有效的保护措施是什么"这个题目开始,调查结果显示,排在第一位的是提高人们的生态环境意识使之自觉维护(47.07%)、第二位为专业部门采取积极措施来防治和治理生态破坏(27.03%)、第三位为制定严厉的法律来防治(13.05%)、第四、第五位分别为政府加大宣传和资金扶持力度(6.68%)及加大破坏的经济惩罚力度(5.23%)。这说明面对生态破坏问题,大学生认为首先要解决人们的责任意识问题,无论从对待生态环境污染、生态资源浪费,还是资源环境的保护问题。人们能否充分认识问题的严重性,能否采取措施完善生态知识的欠缺、弥补生态道德的差距,都成为积极践行我国生态文明建设的基础。同时,大学生还应认识到国家和政府部门在处理生态问题方面的重要性以及政策法律对环境破坏问题的约束力度。因此,国家和高校应提高生态文明建设宣传和资金的扶持力度,加强大学生生态文明教育与管理水平,不断完善大学生的生态知识结构来武装他们的头脑,从而提升学生们的生态文明责任意识,为我国的生态文明建设做出应有的贡献。

您认为面对越来越严重的生态破坏最有效的保护措施是什么？【单选题】

答题人数 1931

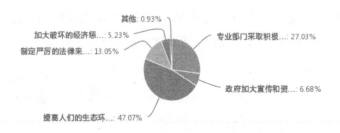

图 3-20　您认为面对越来越严重的生态破坏,最有效的保护措施是什么？统计情况

表 3-23　您认为面对越来越严重的生态破坏,最有效的保护措施是什么？统计情况

答案选项	回复情况
专业部门采取积极措施来防治和治理生态破坏	522
政府加大宣传和资金扶持力度	129
提高人们的生态环境意识使之自觉维护	909
制定严厉的法律来防治	252
加大破坏的经济惩罚力度	101
其他	18

　　第二,高校开展生态文明教育与管理工作情况不足。调查结果显示,确定高校开设生态文明相关课程且选修过的受访大学生

占 16.05%,确定开设但不感兴趣占 23.77%,认为没有开设占 23.77%,不清楚占 40.81%;明确学校有以生态文明为主题的社团或协会的受访大学生且参与过的占 19.73%,有但不感兴趣占 29.62%,没有占 15.74%,不清楚占 34.90%;明确学校组织过有关生态文明教育活动的受访大学生占 16.83%,偶尔组织占 37.03%,没有占 11.96%,不清楚占 34.18%。从调查数据来看,受访大学生在高校中直接参与和实践生态文明教育相关活动的人数不足 1/5,还有 1/3 左右的学生知道有此项活动但不感兴趣且没有参与过,超过 1/3 的受访学生对学校是否开设生态文明教育相关课程或活动根本不清楚。这说明各大高校并没有对大学生生态文明教育给予足够重视,有关生态文明教育和生态意识培养的教育或实践内容甚少,高校缺乏生态文明建设宣传的主动性和开展丰富多彩生态文明教育活动的积极性,大学生生态文明教育与管理的各项政策措施还有待不断完善。

此外,针对提高大学生生态文明意识和践行能力的问题,调查结果显示大学生认为最有效的举措是通过良好的人文环境和生态环境感化(24.96%),其他各项按所占比例排名依次是通过参与生态环保社团组织感触(22.63%),加大校园生态环保监管和奖惩力度(18.95%),通过多种形式宣传教育(15.64%),增加生态文明相关教育课程(14.55%)。对于此项问题的回答所占比例没有明显差距,这说明大学生普遍被动地学习,参与式学习的主动性不强,而且学校的宣传力度不足,这样就不容易对生态文明理念进行内化,从而在学习和实践中对哪一项措施产生突出的共鸣,或有明确的认识。同时,调查结果显示,大学生对校园生态环境的满意度达 83.22%。这反映出高校参与生态文明建设更加注重校园生态环境的建设,都能自觉践行习总书记"绿水青山就是金山银山"的绿色发展观。但对大学生生态文明观的培养、生态责任意识的提升,还有待提高。

表 3-24　高校生态文明建设及教育与管理工作开展情况

	校园生态环境满意度		是否开设生态文明相关课程		是否有以生态文明为主题的社团或协会		是否组织过有关生态文明教育的活动
非常满意	13.52%	有,且选修过	16.05%	有,且参加过	19.73%	经常组织	16.83%
基本满意	69.70%	有,但不感兴趣	23.77%	有,但不感兴趣	29.62%	偶尔组织	37.03%
没感觉	9.79%	没有	19.37%	没有	15.74%	没有	11.96%
极不满意	6.99%	不清楚	40.81%	不清楚	34.90%	不清楚	34.18%

您认为要提高大学生生态文明意识和践行能力,最有效的举措是什么?
【单选题】
答题人数 1931

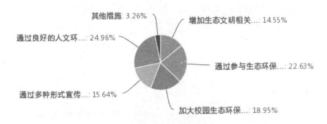

其他措施: 3.26%　增加生态文明相关…: 14.55%
通过良好的人文环…: 24.96%　通过参与生态环保…: 22.63%
通过多种形式宣传: 15.64%　加大校园生态环保…: 18.95%

图 3-21　提高大学生生态文明意识和实践能力的有效举措统计情况

表 3-25　提高大学生生态文明意识和实践能力的有效举措统计情况

答案选项	回复情况
增加生态文明相关教育课程	281
通过参与生态环保社团组织感触	437
加大校园生态环保监管和奖惩力度	366
通过多种形式宣传教育	302
通过良好的人文环境和生态环境感化	482
其他措施	63

您对当前的校园生态环境满意吗？【单选题】
答题人数 1931

图 3-22　您对当前校园生态环境满意吗？统计情况

表 3-26　您对当前校园生态环境满意吗？统计情况

答案选项	回复情况
非常满意	261
基本满意	1346
没感觉	189
极不满意	135

您所在学校开设生态文明相关课程了吗？【单选题】
答题人数 1931

图 3-23　您所在学校开设生态文明相关课程了吗？统计情况

表 3-27　您所在学校开设生态文明相关课程了吗？统计情况

答案选项	回复情况
有,且选修过	310
有,但不感兴趣	459
没有	374
不清楚	788

如果您所在学校开设相关课程，您希望课程内容是什么样的？【单选题】

答题人数 1931

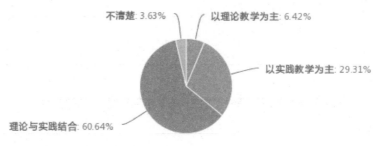

图 3-24　如果您所在学校开设相关课程,您希望课程内容是什么样的？统计情况

表 3-28　如果您所在学校开设相关课程,您希望课程内容是什么样的？统计情况

答案选项	回复情况
以理论教学为主	124
以实践教学为主	566
理论与实践结合	1171
不清楚	70

您所在学校是否有以生态文明为主题的协会或社团？【单选题】

答题人数 1931

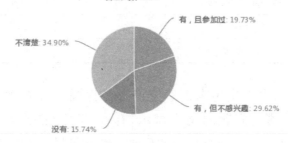

图 3-25　您所在学校是否有以生态文明为主题的协会或社团？统计情况

表 3-29　您所在学校是否有以生态文明为主题的协会或社团？统计情况

答案选项	回复情况
有,且参加过	381
有,但不感兴趣	572
没有	304
不清楚	674

您所在学校组织过有关生态文明教育的活动吗？【单选题】
答题人数 1931

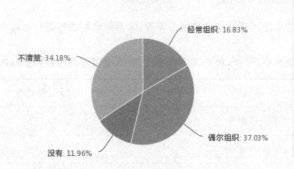

图 3-26　您所在学校组织过有关生态文明教育的活动吗？统计情况

表 3-30　您所在学校组织过有关生态文明教育的活动吗？统计情况

答案选项	回复情况
经常组织	325
偶尔组织	715
没有	231
不清楚	660

　　第三,大学生生态消费意识有待提高。针对大学生生态文明建设存在哪些问题的调查显示,有 63.70％的受访大学生认为食堂饭菜剩余现象普遍是首要问题,滥用塑料袋和一次性碗筷现象普遍(40.03％),校内来往车辆较多,存在安全隐患(39.31％),水电浪费现象很普遍(35.53％),乱扔垃圾很普遍(33.51％),破坏花草树木很普遍(17.50％)。这反映出在大学生中,日常消费缺

乏节约意识,往往存在过度消费现象。针对过度购买食堂饭菜、浪费饭菜、剩余饭菜现象普遍,以及滥用塑料袋和一次性碗筷,水电浪费现象普遍的数据调查,表明大学生生态消费意识淡薄,对国家倡导的"厉行节约、杜绝浪费"的践行度还有待提高。

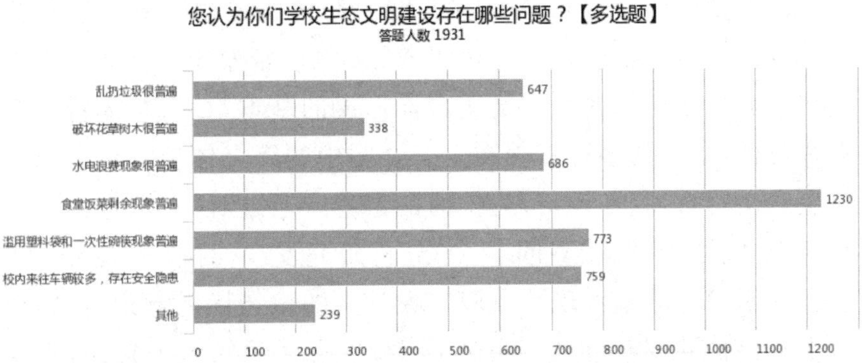

您认为你们学校生态文明建设存在哪些问题?【多选题】
答题人数 1931

图 3-27　您认为你们学校生态文明建设存在哪些问题?统计情况

表 3-31　您认为你们学校生态文明建设存在哪些问题?统计情况

答案选项	回复情况
乱扔垃圾很普遍	647
破坏花草树木很普遍	338
水电浪费现象很普遍	686
食堂饭菜剩余现象普遍	1230
滥用塑料袋和一次性碗筷现象普遍	773
校内来往车辆较多,存在安全隐患	759
其他	239

二、大学生生态文明教育存在的主要问题

根据问卷调查数据的分析,结合我国大学生生态文明教育的现状,直观上来讲,我国大学生生态文明教育的效果受国家、社会、学校、家庭及个人等多方面因素的影响。而且国家、社会未能充分重视大学生的生态文明教育与管理工作,高校的有关课程体

系及校园文化建设也未起到应有的作用。具体来看，问题主要集中体现在以下几个方面：

（一）大学生生态文明素养有待进一步提高

所谓素养是一种由训练和实践而获得的道德修养。它包括思想政治素养、文化素养、艺术素养、文学素养等各个方面。生态文明素养是指个体在生态文明方面形成的基本素养、总体特质和良好习惯，是人的多种素养在生态文明中的综合体现。它主要包括生态文明意识、知识、行为方面的素养。通过对"大学生生态文明意识及教育情况调查问卷"的分析研究发现，目前我国大学生生态文明素养的基本现状一般。大学生的生态忧患意识很高，但对生态保护的理解和认识并不深刻，生态文明知识欠缺；对重大生态问题关注度很高，但在践行生态文明行为方面缺少动力。这些问题不仅对大学生的综合素质提升不利，同时对生态文明建设也会产生负面作用。

1. 大学生对生态文明的相关知识掌握不足

调查结果显示：83.58％的学生对生态文明"知道得不多"，7.92％的学生根本不了解生态文明。有关世界环境日是哪一天、PM2.5是什么、环境举报电话是多少的答题，学生们的准确率分别为36.20％、27.40％、57.95％。说明大学生对基本的生态文明常识还处于初级阶段，没有形成准确连贯的知识体系。对生态文明知识仍有欠缺，没有达到熟练认知的程度，在处理人与自然关系问题方面还缺乏深刻的认识，生态知识不扎实、不牢靠。同时，对于国际和国内有关环境保护和生态文明建设方面的相关政策和新闻缺乏了解和关注，对于生态环境保护方面的方法和措施模棱两可，这些都是大学生对生态文明知识掌握不足的突出表现。

2. 大学生生态责任意识有待强化

生态责任是生态行为的内化结果，是人类一种潜意识的存在。高校大学生面对日益严峻的生态环境危机问题,已经具备高度的生态忧患意识,深刻体会到雾霾、污水、能源危机等生态环境问题所带来的危害。问卷中提出,"当前就您来看,对您生活影响最大的生态问题应该是?"64.79%的大学生认为是空气污染问题。同时,有80%的大学生认为雾霾是由汽车尾气、工业生产以及冬季燃煤取暖等问题造成的,大学生之所以对这一社会热点问题表现出特别的关注,主要是因为雾霾问题直接影响着人类的生存,是人们日常生活的切身感受。此外,有94.36%的大学生对我国当前的环境状况十分担忧,89.33%的大学生较为关注自己喝的水和吃的食物是否受到了污染。我们可以看出,在应对生态环境保护的具体问题上,只有跟自身有直接的密切的关系的问题,大学生才有可能增加关注度,付出实际行动。但我们不能否认的是,绝大多数的大学生能够正常承担起自身环境保护的责任与义务。问卷中提出"如果发现了污染环境行为,您怎么办?"选择举报污染环境行为的受访大学生占60.59%,这一比例占受访者的3/5。但在践行度方面由于种种原因,还有接近2/5的学生选择置之不理,表现出薄弱的责任意识,尤其在与自身利益相关的问题上,大学生的生态正义感往往比较薄弱。大学生还做不到从身边的小事做起,缺乏坚决制止破坏生态环境行为的决心以及自觉地承担生态环保责任的信心。所以,大学生的生态责任意识是需要强化的。

3. 大学生生态文明行为缺乏主动性

生态文明行为是生态文明素质的直接表现方式,外化体现为人的生态文明意识和生态文明素养。现实生活中绝大多数大学生能够身体力行地爱护环境,具备良好的生态文明习惯,积极参与有组织的生态环保活动。虽然大学生主观倾向于环境保护行为,注意践行环境保护规范,但在实际的工作生活中却缺乏强烈的环保意识,没有形成良好的行为习惯,对生态环保的责任感不强,生态文明行为积极性主动性不高,这些都是大学生生态文明素养较差的表现。问卷调查结果显示,受访大学生能够随手关灯和水龙头的,占 99.38%;能够不乱扔垃圾的,占 99.12%,这表明大学生具有较强的"律己"性,能够很好地规范自身的行为。但在现实生活中,涉及与自身利益相关的问题时,仅有 49.30% 的受访大学生选择从未抄近路线践踏草坪。这说明大学生在与自身利益相关的生态文明建设方面表现出的践行度一般。同时,仅有 6.63% 的受访大学生从不主动使用一次性餐具,5.13% 的受访大学生从不主动使用一次性塑料袋。说明大学生在日常生活中与自身利益无关的情况下,已经严重忽视了生态资源的节约问题。此外,问卷显示有 15.38% 的受访大学生选择从不向身边人宣传环保、70.48% 的大学生选择有时向身边人宣传,表明大学生"律他"意识薄弱,缺乏影响、监督他人的行为。在很多情况下,生态文明行为只是人们在理论中说说,真正付诸实际行动时就另当别论。高校大学生大多都能够意识到自身有关生态环境保护的某些行为是不对的,但很少会在实际行动去改正,做不到影响他人和从自身做起。

（二）高校对生态文明教育的重视程度有待进一步加强

近年来,随着国家加快生态文明建设的步伐,一些高校开始将生态文明教育工作纳入各自的教育教学中。但由于重视程度不够,高校中有关生态文明教育的各项配套政策和资金投入尚有不足,校园生态环境有待加强,高校针对大学生生态文明教育方面的课程,还没有专门的规划和统一的安排,教育内容比较零散,且缺乏专门的生态文明教育师资队伍,教育效果不够理想。这说明高校开展大学生生态文明教育的各项政策措施还有待不断完善、重视程度还有待加强。具体问题如下:

1. 高校对生态文明教育重视程度不够

党的十八大、十九大召开后,更多的生态文明建设方针政策被制定和提出,在推进方针政策方面高校首当其冲。虽然高校能够及时准确地下达和传播党的方针政策,但由于高校生态文明教育理念滞后、体制陈旧,使得有关生态文明教育的内容停留在口头上的甚多,付诸行动或大力投入的甚少。这些现象说明,高校对此项教育工作的重视程度不够,未能将生态文明教育作为一件大事来抓,校园里各种浪费现象仍然存在。问卷调查显示,高校缺乏监督和管理有关大学生节约消费的意识和行为方面的教育,有 63.70% 的受访大学生认为食堂饭菜剩余现象普遍存在,40.03% 的受访大学生认为滥用塑料袋和一次性碗筷现象普遍存在,39.31% 的受访大学生认为校内来往车辆较多,存在安全隐患,35.53% 的受访大学生认为水电浪费现象很普遍,33.51% 的受访大学生认为乱扔垃圾很普遍,17.50% 的受访大学生认为破坏花草树木很普遍。这反映出,在高校中日常消费节约意识淡漠、大学生不能理性自觉地爱护环境,高校中往往存在过度消费、破坏环境的现象。同时,高校在管理上缺乏对大学生生态文明教育效果的监督,对国家倡导实施的"厉行节约、杜绝浪费"等政策措施践行度还有待提高。

2. 高校没有制定专门的生态文明教育教学体系

调查结果显示,明确学校有以生态文明为主题的社团或协会且参与过的受访大学生占 19.73%,选择有但不感兴趣的占 29.62%,选择没有的占 15.74%,选择不清楚的占 34.90%;另一项问题是有关学校是否组织过"生态文明教育"活动,选择组织过的受访大学生占 16.83%,选择偶尔组织的占 37.03%,选择没有的占 11.96%,选择不清楚的占 34.18%。从调查数据来看,受访大学生在高校中直接参与和实践生态文明教育相关活动的人数不足 1/5,还有 1/3 左右的学生知道有此项活动但不感兴趣且没有参与过,超过 1/3 的受访学生对学校是否开设生态文明教育相关课程或活动根本不清楚。这说明各大高校并没有对大学生生态文明教育给予足够重视,有关生态文明观念、生态意识培养的教育或实践内容甚少,高校缺乏宣传和开展丰富多彩生态文明教育活动的积极性和主动性,大学生生态文明教育的各项政策措施还有待不断完善。目前,虽然高校在开设的《思想道德修养》及《毛泽东思想和中国特色社会主义理论体系概论》等课程中涉及了有关生态文明建设和生态文明观等生态文明方面的教育内容,但高校以环境科学和生态文明意识和观念为主的教育与其他学科教育相比,还未能提到应有的地位,不少高校还没有制定出专门针对全体大学生开展的生态文明教育课程体系和培养方案,甚至许多高校至今没有开设生态文明选修课程,致使大学生生态文明教育只能在专门的纪念日和相应的活动中以及相近专业的课程中以传授简单的环境保护知识的方式渗透开展,不能得到全面系统的落实和学习。

3. 高校没有专门的生态文明教育师资队伍

目前,高校针对大学生素质教育的相关需要开设了《大学生心理健康教育》《心理健康实训》《就业指导与职业生涯规划》《军事理论》等相关必修课程,并配有专门的教师从事此类课程的教学,但针对大学生生态文明教育,除了部分高校开设环境、生态学专业课及公共选修课外,其他一般通过《思想道德修养》《形势与政策》等公共课程及学生工作社团开展的各项生态文明教育活动等途径来进行。在知识、理论及实践性方面都存在很大的局限性。"大学生生态文明教育"是一门交叉学科,涉及哲学、伦理学、管理学等人文学科和生态保护、环境工程等自然科学,它需要兼具人文社会科学和自然科学背景的复合型人才来担任,并对学生进行系统、全面、生动的生态文明知识和理念的教育。由于我国高校生态文明教育起步较晚,高校生态文明教育体系陈旧,导致教师对生态文明教育的认知不到位,积极性不高,此类知识储备不足,高校缺乏能够承担生态文明教育的专任教师。

(三)大学生生态文明教育的内容不够系统深入

虽然全国高度重视生态环境污染问题,掀起生态文明建设的热潮,积极开展生态文明的宣传教育,但在具体的生态文明教育内容上,我国的高校仍以培养生态环境专业人才为主,而与生态文明相关的思想政治教育及人文素质教育方面的教育内容还不够系统全面,仅局限于生态文明基础知识的层面,很少涉及更深层次的内容。调查结果显示,确定高校开设生态文明相关课程且选修过的受访大学生占 16.05％,确定开设但不感兴趣的受访大学生占 23.77％,认为没有开设的受访大学生占 23.77％,选择不清楚的受访大学生占 40.81％;同时,从调查结果来看,有60.64％的学生希望开设生态文明教育方面理论与实践相结合的课程;29.31％ 的大学生希望开设以实践教学为主的生态文明教育课程;仅有 6.42％的学生喜欢以理论教学为主的课程。这说明目前高校开设与生态文明教育内容有关的课程不足,即使高校开设了有关生态文明教育相关内容的课程,还需要不断扩充教育的内容,丰富教育的形式,从不同角度调动学生的学习积极性,增加教育教学过程中理论联系实际的相关内容。目前,高校大学生生态文明教育的教学内容存在以下几方面的问题:

1. 有关马克思生态文明理论的教育内容不够深入

我国高校在此方面的教育内容涉及马克思、恩格斯的生态思想和中华人民共和国以来中国共产党生态文明思想的学习比较多,因为大学都设有马克思主义的相关基础课程,而这些课程中都会涉及一些生态思想的内容。如在《毛泽东思想和中国特色社会主义理论体系概论》中涉及了有关"科学发展观""美丽中国""五位一体"的理论,同时在课程中,还会与时俱进地介绍党的十八大及十九大报告中关于生态文明方面的相关内容。但对大学生而言,在学习的过程中仅能对理论死记硬背用于应付考试,而不能深入学习、深刻领悟各项理论的深刻含义,将其转化为自身的理念,从而自觉践行。

2. 有关我国传统生态文化思想的教育内容还比较零散

在高校教育中,涉及我国传统文化中儒家、道家、佛家等生态文化思想的教育内容比较零散。此项教育内容多分布于大学生人文素质教育、思想政治教育及各种选修课教育中。高校对中国传统文化中有关生态文化思想的传播教育,缺少对大学生群体有针对性地、系统地教育指导,导致大学生无法全面而深入地掌握这些思想的精髓,所以就更难将这些思想融入实际行动中了。

3. 有关生态文明道德法律法规方面的教育实践不充分

目前高校针对节约意识、生态消费和环境保护的教育较多,涉及生态文明的道德规范、方针政策、法律法规等方面的教育较少,且多不能将此项内容以理论联系实际的方式来教育和影响大学生。因此,在有关生态文明的方针政策、法律法规等知识方面的学习上,很多大学生不了解甚至不知道。这说明高校在这些内容的普及教育上做的不到位,很多高校没有这方面的教育,有的高校只是偶尔或局部地进行教育,针对全校性的长期的教育机制还没形成,这些生态文明教育内容方面的欠缺,都需要高校未来不断完善和弥补。

总之,当前我国大学生生态文明教育的内容还不全面不系统,很多学习还往往停留在基础知识的层面,缺少全面的把握和实践的应用。同时,除生态环境专业外,其他专业的大学生还没有一本专门的、通用的生态文明教育的教材,致使大学生生态文明教育的内容还有所欠缺,大学生有关生态环境方面的知识面狭窄,掌握知识的广度和深度不够,最终影响大学生生态行为的养成。

(四)大学生生态文明教育的方式方法不够科学并缺乏多样性

由于高校对大学生生态文明教育的重视程度不够,在具体的教育教学过程中,导致许多高校开展大学生生态文明教育的方式方法过于陈旧,且存在一定的问题,具体表现为:过多地依赖理论性的授课方式,传统陈旧不够科学,多以显性教育为主,教育教学方法单一,忽视了教育环境中的隐性因素;教育教学缺乏生动性、趣味性和创新性,实践体验式课程不足,没有对大学生产生应有的教育效果。

1. 大学生生态文明教育的方式方法过于传统、不够科学

许多高校在开展生态文明教育的过程中过多依赖于传统的课堂教学,通过知识灌输及说教式教学将生态文明的相关知识传递给学生。此种教学方法没有充分考虑到生态文明教育内容的特殊性,由于生态文明教育可以涵盖在基础科学、社会、运动、地理、生物、个人的道德价值观等课程中,因此其教育教学方式仅仅以课堂教学为主,是不科学不合理的。高校应充分考虑到大学生的生理和心理特点,结合高校教育教学培养大纲,开发不同形式(课外实践、课堂内部适当增加实物操作及演示或学生个人通过科研数据调查经分析后形成论文等)注重实效的教育教学方法。

2. 大学生生态文明教育的方式方法比较单一、缺乏多样性

大学生生态文明教育不仅需要培养大学生的生态文明素质、树立生态文明观念,还需要提升大学生的生态保护能力。高校现有的生态文明教育方法,没有充分利用学校先进的教学设备、实验室以及优越的生态校园环境,很少通过网络、图片、数据以及利用实验室进行的各项实验,给大学生形象客观地展现生态文明的相关图片和数据及调研结果;没有积极开展形式多样的能够覆盖全体大学生的生态环保教育活动,如户外探索、自然课堂、知识竞赛等能将生态文明教育寓教于乐的活动。相反,各高校片面强调显性教育,忽略隐性教育,教学方法比较单一,缺乏多样性,导致高校生态文明理论教育与实践教育结合不够紧密,影响大学生生态环境保护能力的提升。

3. 大学生生态文明教育的方式方法缺乏生动性、趣味性和创新性

生态文明教育具有其自身的特殊性,它不仅适用于课内教

学、课外教学,线上学习、线下学习,还适用于理论知识学习、思想政治教育培养、亲身实践体验式学习等形式多样的教育教学方式。我国现有的教育教学方法多以思想政治教育、素质教育为主,还未形成系统的、丰富的、新颖的、有特色的生态文明教育方法,因此造成目前我国大学生生态文明教育缺乏生动性、趣味性和创新性。

(五)大学生生态文明教育的实践不够全面深入

"就教育而言,知识传授和理念传输固然重要,但行为训练是最终的落脚点。在生态文明教育中探行培养大学生先进的生态行为应该是非常重要的环节。"[①]目前由于我国大学生生态文明教育的形式尚不完善,高校更多注重理论教育而忽略了实践环节。虽然很多高校都有开展生态文明教育的实践活动,但有的开展得比较多,有的则开展得比较少。在开展的程度范围上,大部分高校只是小范围的开展,大学生的参与率比较低,并没有实现在全体大学生中大规模地开展生态文明教育的实践活动。具体情况如下:

1. 实践活动内容单一,活动范围较为局限

高校开展的大学生生态文明教育实践活动多以校园社团或学生工作部门组织的图片展览、观影活动、班团会、演讲比赛或学术性及公益性讲座等形式为主。由于活动组织形式单一,学生们缺乏技能操作及亲身经历等外化转为内化的训练过程。而且高校多年形成的传统实践教育模式,导致学生们更多地局限于校园之中,缺少接触自然、亲近自然的机会,实践教育的效果只重视活动的形式,而忽视了其实效性。

2. 实践活动涉及的大学生范围窄,开展流于形式,成效不高

由于高校的教育实践活动较为单一且校外实践环节较少,大

---

① 黄正福. 美丽中国视野下高校生态文明教育探究[J]. 成人教育,2014(03).

学生对此项教育的重视程度不高。很多高校在组织此类活动时,通过学生工作部门下发活动通知,传达到学院,再由学院组织学生参加,由于每学年学校下发的活动较多,高校及大学生重视的程度不一,因此在实际组织的过程中成效不同。大部分高校对此类教育活动流于形式,大学生们虽然感兴趣,但活动组织的参与率不高,成效不显著。即便是参与率较高的公益或学术讲座,也实现不了全体学生参与,每个学院只能派学生代表参加,不能达到影响和教育全体大学生的目的。此外,一些生态文明实践活动是由社团组织开展的,由于社团的影响力小,即使能够带领大学生们"走出去",进行体验性学习,但高校的管理者和教育者,出于学生的安全考虑,也不鼓励前往较远或较为偏僻的地方进行实地的生态文明知识考查,很多活动虽然有较为美好的计划和设想,但开展得不够深入,很难实现最初的教育目的和意义。

3. 实践活动结果的检验未与学生测评挂钩,活动结果收效不明显

很多时候学生参与实践活动,更多的是希望能够增加学分、获得活动证书或与学业的综合测评挂钩,通过参与活动为未来就业及继续深造增加助力。然而,目前高校开展的生态文明实践活动更多的以公益性质为主,学生虽然有爱心、有责任意识,但由于学业压力、个人兼职、学生工作以及个人生活琐事,未能抽出足够的时间来投入关注此项活动,大学生对此项活动的参与更多出于个人的热情或完成学校的任务,因此实践教育活动的影响面小,活动结果收效不明显。

三、大学生生态文明教育存在问题的原因分析

(一)国家方面因素分析

1. 我国生态文明教育起步较晚

长达300年的工业文明,在满足人们物质需求的同时,也给

人们带来了严重的生态危机。生态文明意识正是源于人们对工业文明下经济社会发展方式的反思。我国生态文明的思想虽然源远流长,但开展生态文明建设的时间却不是很长。1987年中国生态学家叶谦吉首次使用了"生态文明"一词,并提出了建设生态文明。正是由于经济社会高速发展中人们对自然大肆掠夺,造成了我国生态环境的严重破坏,促进了我国对生态文明建设的重视和发展。党的十六大报告首次把生态文明发展作为全面建设小康社会的主要目标,提出"走生态良好的文明发展道路"。① 党的十七大,将生态文明建设纳入全面建设小康社会的目标之一,并将其确定为一项战略任务,强调全社会要牢固树立生态文明观念。② 党的十八大以"大力推进生态文明建设"为题,系统阐述了生态文明建设,将其地位提升到一个前所未有的高度。③ 2015年10月26日,十八届五中全会在北京胜利召开,增强生态文明建设的意见首度被写入国家五年规划。国家对生态文明建设的重视程度,正在随着时间的推移逐年提升,生态文明意识的形成、生态文明观念的树立、生态文明教育的开展也伴随着生态文明建设的发展在逐渐推进,然而由于我国生态文明建设的起步较晚,开展生态文明教育的推进速度还很缓慢,远远落后于其他发达国家的教育水平,因此,还需要去寻求最佳的解决方案以弥补我国生态文明教育起步较晚的问题。

2. 国家缺乏对生态文明教育的政策法律支持

经过多年从不同角度对生态文明教育的研究发现,大学生生态文明教育是一个系统性的工程,无论从教学目标的制定、教学

---

① 江泽民. 全面建设小康社会,开创中国特色社会主义事业新局面——在中国共产党第十六次全国代表大会上的报告[M]. 北京:人民出版社,2002.

② 胡锦涛. 高举中国特色社会主义伟大旗帜,为夺取全面建设小康社会新胜利而奋斗——在中国共产党第十七次全国代表大会上的报告[M]. 北京:人民出版社,2007.

③ 胡锦涛. 坚定不移沿着中国特色社会主义道路前进 为全面建成小康社会而奋斗——在中国共产党第十八次全国代表大会上的报告[M]. 北京:人民出版社,2012.

计划的安排、师资力量的培养以及学生的日常管理和实习实践的安排实施等方面来看,都需要政府、社会和学校多方的配合和协作来完成。国家政策、法规的制定对大学生生态文明教育的开展,起到至关重要的引导作用。然而,目前我国有关生态文明教育方面的系统性国家规划还很欠缺,开展大学生的生态文明教育呈现出很大的随意性和碎片性,出现理论上重视的多,实际教育起来产生实效的少的现象。很多高校并没有把大学生生态文明教育提升到和大学生心理健康教育以及职业生涯教育同等的位置来重视,甚至没有开设与生态文明教育相关的选修课程,大学生生态文明教育长期处于学科教育的弱势地位。由于国家的法律法规以及政策方针具有国家的强制性、物质的制约性以及行为的规范性,目前国家没有出台相关的政策法规,就很难保证政策、资金的到位,直接影响高校关于生态文明教育责任的明确性、教师开展生态文明教育的积极性以及学生进行学习的主动性。因此,我国迫切需要出台与生态文明教育相关的政策法规,使大学生生态文明教育尽快走上法制化、制度化的轨道。

（二）社会方面因素分析

1. 社会固有价值观的消极影响

农业文明时期社会生产力低下,人类认为自然是神圣不可侵犯的,还没有足够的能力去改造自然。进入工业文明后,人类通过一系列的技术革命实现了生产力的飞速发展,为了得到更多的物质利益满足,人类开始大规模地开发和利用自然。进入市场经济阶段,对于短期利益的执著追求以及片面经济利益的最大化,促使人们以破坏自然为代价,陶醉于征服自然、改造自然和战胜自然的喜悦之中。此时,"人定胜天"的不良思想油然而生,人类认为自己已经有足够的能力去改造和统治自然,于是开始更加肆无忌惮地索取和挖掘自然资源,对自然生态环境造成了极大的破坏,这种做法实际上违背了人与自然的辩证关系,忽视了保护生态环境和可持续发展的人类发展中心思想,影响着人类在思想意识领域中的观念和态度。高校大学生正处于价值观补充阶段,缺乏自己教育自己的能力,极容易受到社会环境影响,造成盲目迎合。从农业文明发展到工业文明,社会上经济发展优于生态保护的思潮长期禁锢着人类思想,拜金主义、功利主义、个人主义等有害社会价值观思潮不断蔓延,在一定程度上诱惑着大学生,对高校大学生生态文明观的确定和树立产生了较大的负面影响,不利于大学生生态文明素养的培育。

2. 社会公众不良行为的消极影响

当今社会部分公众的生态文明意识较低,为了追求经济利益而置生态环境于不顾,从人们为追求经济利益海上采油、油船漏油等行为造成的海洋污染和毒害海洋生物现象;人们日常生活中随意丢弃塑料、橡胶、玻璃、铝等不能焚化或腐化的废物造成的陆地污染现象;工厂、发电厂和人们随意烧荒、过度使用交通工具(汽车、轮船、飞机等)向空气中释放一氧化碳和硫化氢等有害气体,造成的空气污染和雾霾天气。这些行为造成环境污染现象的背后无不说明部分社会公众的不良行为正在对人们赖以生存的环境造成严重的影响,环境保护行为仍然没有成为整个社会的共同行为。然而,这样的行为习惯具有一定的传染性,对高校大学生的生态保护行为也造成了极坏的影响。校园中,从寝室楼、教学楼、图书馆到食堂等供学生活动的公共场所内,浪费水电、剩菜剩饭、乱扔垃圾、过度消费、网购团购、竞相攀比等不利于环境保护的现象随处可见,拜金主义、功利主义、个人主义的价值观也在凸现。由于大学生对社会问题的辨识能力有限,很容易受到社会上危害环境和破坏生态等不良行为和思想的影响,长此以往,会阻碍其生态文明素养的提升。

(三)高校方面因素分析

1. 高校大学生生态文明教育投入不足,教育管理不到位

早在 20 世纪 70 年代,我国就已有部分高校开设了生态学或

与环境保护有关的专业。但是由于当时对生态文明教育认识的局限,高校的生态文明教育仅限于生态学或与环境保护有关的专业中,而未在其他专业大学生中广泛开展。进入 21 世纪,随着我国经济的快速发展,环境问题凸现,高校学者对于此类问题的研究逐年增加,到新千年,虽然教育部将环境科学提升为一级学科,但有关大学生生态文明教育的专门课程、人才培养方案、专业的师资力量以及成体系的生态文明素质教育内容和专项教育资金投入仍未到位,高校有关生态文明教育的投入严重不足。此外,对于部分开展大学生生态文明教育活动或开设相关课程的高校而言,存在着教育管理不够严格的问题:课堂教学和实践活动缺乏系统的教学计划和活动安排,很多高校没有对生态文明教育的执行过程和教育效果进行跟踪了解,对于大学生本人生态文明意识缺乏和生态文明行为等不到位的现象,没有严格的奖惩制度和全面的规章制度进行约束。综上,这些因素都严重影响了我国大学生生态素养的提升,并限制了我国大学生生态文明教育内容和教育方法的多样性。

2. 高校大学生生态文明教育育人理念滞后,环境建设不够

中共教育部党组印发的《高校思想政治教育工作质量提升工程实施纲要》中提到:"要充分发挥课程、科研、实践、文化、网络、心理、管理、服务、资助、组织等方面工作的育人功能,切实构建'十大'育人体系。"[①]透过文件我们可以看出,国家在不断更新育人理念的同时,往往习惯于制定传统的育人体系,但有关生态文明建设方面的育人理念仍然存在一定的滞后性,没有得到国家及高校的足够重视。由于大学生生态文明育人理念的滞后,导致高校管理者对生态文明教育的重视程度不高,影响了高校从全局上规划大学生生态文明教育的内容和教育教学方法,高校生态文明教育环境建设严重不足。部分高校的自然环境和人为设施存在

---

① 高校思想政治教育工作质量提升工程实施纲要[Z].2017-12-5.

缺乏或不到位的现象:校园绿化面积小,整体布局不合理,校园内垃圾桶数量不足以及在教室、寝室、食堂、图书馆、卫生间、办公室、实验室的室内环境中环保类提示性标语匮乏等情况,整个校园缺少良好的环保风气和精神风貌。此外,大学生们在校园内浪费粮食、过度消费、乱扔快递垃圾、最后一个人离开教室后不随手关灯、卫生间里长流水无人问津、浪费纸张的现象时有发生,以上这些高校教育环境建设方面的问题,都会对高校培养出生态文明素养高、生态文明观念坚定、生态行为习惯良好的大学生产生消极的影响。

(四)家庭方面因素分析

1. 家庭教育的重视程度不足

大学生所受教育由国家、社会、学校和家庭教育四者组成,其中家庭教育对大学生的生态文明教育具有独特的影响,但就目前的教育情况来看,家庭教育对大学生生态文明教育产生的效果并不理想。首先,传统的家庭教育观念忽视了生态文明教育。在家庭教育中,父母往往忽视了关乎国家和社会责任的生态文明教育,更加重视孩子的社会适应能力教育、心理健康教育、成长成才教育、终身学习教育等方面的教育活动。因此,家庭生活中,父母很少为孩子提供有关资源环境方面的国情与世情教育,更加不注重孩子在节水、节电、节粮、节能等厉行节约方面的教育。家庭生活中剩饭剩菜现象、非绿色出行现象、过度消费现象、缺乏亲近接触自然等现象时有发生,这些都严重阻碍了我国大学生生态文明意识的培养和生态文明习惯的养成。其次,部分家庭成员知识水平和认识能力有限,影响了大学生对生态环保问题的重视程度。由于家庭成员受到自身知识水平与认识能力的限制,对环境保护方面的问题认知存在局限性,甚至个别家庭成员由于无知正在从事污染环境、破坏环境的工作或实施不利于环境保护、造成资源浪费的行为。这些现象充分反映出大学生家庭成员个人生态环保意识的薄弱和缺失以及家庭教育中对生态文明教育的重视不足,直接影响了我国大学生生态文明观念的教育和培养。

2. 家庭教育的责任感不强

家庭教育既是大学生教育的起点又是终点,良好的家庭教育是培养高素质人才的重要条件。然而,目前我国的家庭成员由于对孩子过高的期望、过分的溺爱、过多的干涉、过度的保护和过多的指责,造成家庭教育更多地停留在对孩子个体某些方面的教育上,而忽视了家庭教育的社会责任。家庭教育中有关国家的、社会的、集体的、公共的等方面教育严重不足,有关此方面的教育家庭成员更加倾向于国家、社会、高校对孩子进行教育,而放松了家庭教育和家庭成员的榜样教育。涉及生态文明方面的道德和素质教育则更是薄弱,只是停留在感知层面而缺乏深入到理性层面的教育。同时,一些家庭成员为了满足个人的私欲,互相攀比、盲目消费、过度消费,造成社会资源的极大浪费。因此,家庭教育责任感不强,直接影响了大学生生态文明意识的构建和生态文明行为的实施,导致大学生中非理性的消费现象不断蔓延,重物质消费、轻精神消费的思想在大学生中成为一种现象,最终造成大学生接受生态文明教育的责任感不强,接受生态文明教育的意愿也相对较弱,对大学生构建生态文明的道德品质产生不利影响。

(五)大学生自身因素分析

1. 大学生自身能力有限,生态文明意识落后

当代大学生群体具有兴趣广泛、接受能力强、求知欲旺盛、思想不稳定、辨识能力差、易受社会不良思想左右等显著特点,这些特点中的一些不良现象是阻碍大学生生态文明素养提升的重要因素。首先,大学生自身能力有限,影响他们获取生态文明知识。由于大学生群体具有思想最活跃、兴趣广泛的特点,他们能够快速接受和掌握各种信息。同时,在当今社会这样一个信息时代,

大学生获取信息的渠道更加广泛,无论是从媒体、书刊、报纸还是从网络、课堂,每天来自不同角度的各种信息冲击着大学生的判断力,在这些信息中既有正确的也有错误的,既有积极的更有腐化的,鱼龙混杂,不乏一些消极的思想夹杂其中。然而,大学生的思想意识辨别能力较差,类似于"先污染后治理""人类中心主义"的信息评论以及一些功利主义思想通过各种渠道在社会上蔓延,大学生辨识能力不强,其思想和行为往往受到这些信息的影响产生波动,表现在其生态文明行为上就是缺乏主动性和积极性。其次,大学生的生态文明意识落后。大学生生态文明教育的目标之一是培养生态文明意识,如今的大学生由于受到传统教育理念的影响,更多的学生习惯于消极被动地面对学习、生活和工作。在处理生态环境问题方面,他们多停留在单纯的理论学习状态,思想陈旧、观念老化,不能积极主动地转变思维方式,更多的是被动地等待国家、学校的政策和下达的指令,思想、意识、行动方面都缺乏先进性。

2. 大学生生态责任感不强,知行脱节

习近平总书记在《致生态文明贵阳国际论坛二零一三年年会的贺信》中指出:"保护生态环境,应对气候变化,维护能源资源安全,是全球面临的共同挑战。中国将继续承担应尽的国际义务,同世界各国深入开展生态文明领域的交流合作,推动成果分享,携手共建生态良好的地球美好家园。"[①]这句话充分说明进入生态文明时代后,为了更进一步促进世界和国家的生态文明建设,我国将承担更多的责任和义务。大学生作为社会成员的一个重要组成部分,担负着建设祖国未来的重任,因此更应承担起传承生态文明精神、提高生态文明意识、保护生态环境、进行生态文明建设的社会责任和义务。然而,当前大学生中还存在一些诸如在生活中缺乏生态文明意识,在行为上并不约束自我的现象,如有些

① 习近平向生态文明贵阳国际论坛 2013 年年会致贺信强调"携手共建生态良好的地球美好家园"[J]. 吉林环境,2013(05).

大学生不注意节约用水、经常使用一次性筷子、饭盒和塑料袋,在考试、求职期间大量打印资料和简历,很少有学生选择双面打印等。大学生生态责任薄弱、生态环保意识与行为脱节。因此,培养大学生的生态文明责任感,端正大学生的态度,将大学生的意识转化为自觉的行为,是大学生生态文明教育问题中有待解决的重要问题。

第四章　大学生生态文明教育的
理念、目标和原则

第三章中,我们以实证研究为基础,总结整理了我国大学生生态文明教育中存在的问题及成因。本章将依据上一章中阐述的问题和成因,提出指导和规范大学生生态保护行为的教育理念、教育目标和教育原则,从而为提升大学生生态文明素养和生态文明意识提供指导和发展方向。

一、大学生生态文明教育的理念

教育理念本质是指关于教育方法的观念。它会为教育者指明教育目标和发展方向;为受教育者起到指导和规范的作用。因此,高校在开展大学生生态文明教育教学过程中融入科学的教育理念,必定能大幅度提升教学成效。其中"绿色发展理念""全面发展理念""知行合一理念"有利于大学生形成良好的道德素养,为大学生生态文明教育的快速发展打下坚实的基础。

(一)绿色发展理念

绿色发展是涵盖和谐、持续和效率为发展目标的一种社会发展方式,是以环境保护为中心实现可持续发展战略的一种新型发展模式。绿色发展已成为世界各国普遍认可的主流趋势,其中许多地区将发展绿色产业作为推动经济结构调整的重要举措,同时绿色发展与各个国家或地区的实际相结合,形成科学理念在民众中宣扬与倡导。绿色发展理念遵循人与自然的和谐共生关系,以"绿色、低碳、循环"为衡量标准,以生态文明建设为主要途径,倡导人们"从我做起,从小事做起,改变有悖生态文明的行为,营造一种有利于保护生态环境、合理利用资源,从而维持生态平衡的生活方式"。

我国在中华人民共和国初期就形成了"绿色发展理念"的雏形,毛泽东时期党中央推行"尊重自然、增产节约、美化环境、江河治理"的发展思路。邓小平时期党中央强调"人与自然协调发展、生态环保依靠科技和教育、生态环保法制化"的发展思路。江泽民时期党中央倡导实施"可持续发展战略、西部大开发战略、开展生态环保建设"的发展思路。胡锦涛时期党中央提出"科学发展观、构建资源节约型和环境友好型社会、提出生态文明建设"的发展思路。在当前以习近平为核心的党中央提倡人类文明兴衰与生态环境息息相关;保护生态环境与保护生产力的同等性;生态环境建设系统工程化;生态环保制度严格化的发展思路。可以看出,中国共产党的领导集体一直重视并秉承着"绿色发展理念"的内涵,而如今"绿色发展理念"已成为我国发展经济建设的理论指引和主要推动力。

党的十九大报告中提出"要建设人与自然和谐共生的现代化",为实现这一目标,需要我们践行"绿色发展理念",以"节约、环保、可持续"为指导方针,坚持人与自然和谐共生。加快生态文明建设,可以促进资源有效节约,改善周边自然环境,符合绿色发展理念。因此,"绿色发展理念"可以作为学校开展生态文明教育的核心和基本内容,反之学校开展生态文明教育可以成为倡导"绿色发展理念"的主要途径。[①]大学生作为国家未来的建设者和接班人,是生态文明教育的主要群体。在高校中以"绿色发展理念"为指引,开展大学生生态文明教育,可以明确教育内容与方向,从而提升大学生生态文明教育效果。"绿色发展理念"可以渗透到大学生生态文明教育的各个方面,是高校开展生态文明教育的核心与灵魂。通过"绿色发展理念"的指引,易于大学生在生态

---

① 杜昌建. 绿色发展理念下的学校生态文明教育[J]. 思想政治课教学,2016 (08).

文明教育中养成文明健康的消费观念、形成低碳环保的生活方式。① 总之,坚持绿色发展理念是全面推行大学生生态文明教育的必然选择和前进动力。②

(二)全面发展理念

全面发展理念是依据马克思所论述的"人的全面发展"理论衍生而出,从而形成人的一种固定意识形态。马克思主义关于"人的全面发展"学说的研究从人和现实的生产关系作为切入点,明确了全面发展的手段、条件及途径。所谓"人的全面发展"理论,是指人的劳动能力得以全面发展,即实现人所拥有体力及智力的充分统一发展。同时,也包括人所养成的才能、志趣及道德品质等多方面协调发展。③

我国一直都非常重视关于"人的全面发展"理论的应用,早在中华人民共和国成立初期,毛泽东在确定我国教育方针时,便强调:"应使受教育者在德、智、体几方面都得到全面发展,成为有社会主义觉悟及文化的劳动者。"④2004 年我国政府确立了"以大学生全面发展为目标"的大学生思想政治教育指导思想,要求将大学生塑造为全面发展的高素质、综合性人才,既不单是掌握科学文化知识,还要具有健康的身心,更要具备良好的思想道德素养。⑤ 大学生的全面发展追根溯源是一种和谐的发展,应包含其自身与他人的和谐发展、自身需求与社会需要的和谐发展以及自身与大自然的和谐发展。⑥ 其中大学生与自然的和谐发展是与他

---

① 柳礼泉、阳可婧. 大学生对绿色发展理念认同的逻辑进路[J]. 思想教育研究,2017(02).

② 庄友刚. 准确把握绿色发展理念的科学规定性[J]. 中国特色社会主义,2016(01).

③ 卢霞辉. 践行科学发展观促进大学生全面发展[J]. 思想教育研究,2008(07).

④ 熊晓琳、马超林. 马克思"人的全面发展"思想在当代中国的发展与实践[J]. 学校党建与思想教育,2017(10).

⑤ 黄建顺."大学生全面发展"目标及其实现——兼论思想政治教育、素质教育与高等教育的关系[J]. 福州大学学报(哲学社会科学版),2005(04).

⑥ 徐星美. 大学生全面发展的内涵及其诠释[J]. 江苏高教,2014(06).

人及社会和谐发展的前提和基础。因此,面向大学生实施全面发展教育理念,是建立大学生与自然和谐共生关系的重要途径。[①]而构建人与大自然和谐共生关系又作为生态文明建设的基础目标,进而推论出大学生全面发展理念对于大学生生态文明教育具有重要的引导作用。高校在推行的教育理念中渗入"全面发展理念",有助于高校实施大学生生态文明教育方法途径的改善。例如:第一,将"全面发展理念"融入大学生生态文明教育课堂教学中,可以促使教育者放开眼界,树立"大课程、大课堂"的教学思想,意识到生态文明教育不是单一教育,而是一种综合性教育、全方位教育、可持续性的教育,是面向大学生行为及思想的全面改造,可以帮助教师明确教学目标,从而大幅度提升教学质量。第二,将"全面发展理念"融入大学生生态文明教育教学内容中,有助于教学内容符合时代性、前瞻性的特征,紧跟当今世界经济与社会发展的潮流和趋势,能够及时反映时代的主流思想。第三,大学生生态文明教育实质是整体性教育,它几乎涉及各个学科领域。因此,利用"全面发展理念"有助于高校形成完整统一的大学生生态文明教育体系。

（三）知行合一理念

"知行合一理念"在我国最早是由宋末元初时期学者金履祥所提出,在其《论语集注考证》中著有:"圣贤先觉之人,知而能之,知行合一,后觉所以效之",他认为掌握大量知识的圣贤,能将其形成的想法付之于行为,那么将在民众中起到榜样的作用。[②] 明代思想家王守仁首先将"知行合一理念"运用到教育学领域,并作为其重要的教育思想广泛传播,成为中国传统文化关于"理论与实践相结合"概念的重要论证。

---

① 李爱玲.加强生态价值观教育　促进大学生全面发展[J].学术论坛,2008(07).

② 韩治国、王艳丽."知行合一"德育理念的内涵及其实施途径[J].肇庆学院学报,2017(06).

随着时代的前行,社会不断发展,关于"知行合一理念"的传统认知受到了现实的冲击,其承载的传统道德内涵无法适应当代教育教学的需求。因此,"知行合一理念"的内涵需要进行重新定义,使其能够突破传统道德内涵的束缚,转向符合时代要求的现实意蕴。[①] 结合新时代的发展特征,"知行合一理念"被赋予了新的内涵,"知"和"行"的辩证统一主要表现为:第一,"知"成为"行"的先导。在参与社会实践之前,人们会不自觉地对相关问题进行思考,即在认知的前提下根据相应判断进而发生行为活动;第二,"行"是"知"的推动力。思想观念来源于社会实践,脱离了社会实践活动,思想观念就如同"无源之水",失去了基础支撑。教育的根本目的在于"育人",培养学生树立正确的世界观、人生观和价值观,让其"知行合一",最终形成良好的品德。而我国当前教育主要重视"应试教育",对"思想品德教育"开展力度不足,使得当今学生的行为表现比较欠缺。因此,学校有必要对学生开展"知行合一理念"的教育引导,促使他们养成良好的性格,塑造高尚的品质,从而提升学习的积极性和主动性。

当前,在我国高校面向大学生的培养教育中,大学生思想政治教育往往流于形式,难以产生好的效果,无法有效提高学生的思想认知水平,进而无法约束学生的行为。因此,在高校的思想政治教育中融合"知行合一理念",有助于促进高校思想政治教育教学模式的变革,从而全面提升思想政治教育教学效果。大学生生态文明教育作为思想政治教育的特殊形式,"知行合一理念"的渗透将加快大学生生态文明教育的知行转化,即促使大学生在课堂上形成的生态文明观念通过实践活动转变为生态文明行为。在"知行合一理念"影响下,大学生生态文明教育需兼顾生态意识的培养和生态行为的引领,二者相互依赖、相互促进。[②] "知行合

---

① 周璇、何善亮."知行合一"理念的现代意蕴及其教学实现路径[J].江苏教育研究,2017(34).

② 陆韵."知行合一"视角下高校思想政治理论课教学中的生态观渗透研究[J].高教研究与实践,2016(02).

一理念"深刻影响着大学生的价值观和行为取向,因此,在开展大学生生态文明教育过程中,对教育者提出了诸多新的要求,例如:要求教育者既要关注学生生态文明观念的养成,也要重视学生生态文明行为的养成,促使学生在生态文明观念引导下规范日常行为;要求教育者引导大学生将生态观念通过参与实践活动,养成节约、环保等良好习性,促进大学生生态意识的形成等等。同时也对教育者开展生态文明的教学方法产生新变化,例如:教育者可以在教学过程中加入实证案例的教学方式,借助案例呈现生态问题现状,深化学生对生态文明观念的直观理解;教育者可以根据教学内容布置调研任务,通过问题的调研,学生能直观掌握生态文明现状,并加强生态责任。总之,在大学生生态文明教育中渗入"知行合一理念",形成主观和客观、理论和实践、知和行的辩证统一,促进大学生自身价值观的塑造,从而将践行生态文明与实现人生价值紧密结合。

二、大学生生态文明教育的目标

我国的《全国环境宣传教育行动纲要(2016—2020 年)》指出,环境宣传教育的总体目标是:"到 2020 年,全民环境意识显著提高,生态文明主流价值观在全社会顺利推行。构建全民参与环境保护社会行动体系,推动形成自上而下和自下而上相结合的社会共治局面。积极引导公众知行合一,自觉履行环境保护义务,力戒奢侈浪费和不合理消费,使绿色生活方式深入人心。形成与全面建成小康社会相适应,人人、事事、时时崇尚生态文明的社会氛围。"①根据此纲要,可以制定当前我国大学生生态文明教育的培养目标。依据大学生生态文明教育理念,结合高校开展大学生生态文明教育的实际情况,确立大学生生态文明教育的总体目标为:首要目标——培养大学生掌握基本的生态文明知识;中心目标——帮

---

① 中华人民共和国环境保护部 . 全国环境宣传教育行动纲要(2016—2020)[R].2016－4－6.

助大学生树立牢固的生态文明观念;终极目标——促进大学生具备一定的生态文明技能、养成大学生良好的生态文明习惯。

(一)培养大学生掌握基本的生态文明知识

大学生生态文明教育的首要目标是从大学生个体的教育出发,以生态文明的认知作为起点,既要使大学生掌握基本的环境科学知识、生态保护法律知识以及政策法规知识,还要帮助大学生了解环境和生态的复杂结构,掌握生态环境的现状,理解人与自然关系,通过不断加强大学生对于生态文明的认知,最终提升大学生保护生态环境的能力水平。

第一,指导大学生掌握生态环境现状。习近平总书记指出:"生态兴则文明兴,生态衰则文明衰。"[①]只有让大学生清醒认识到生态环境的现状,认识保护生态环境、治理环境污染的紧迫性和艰巨性,才能使大学生清醒认识到加强生态文明建设的重要性和必要性,才能增强他们建设"美丽中国"的自信心。

第二,指导大学生学习环境科学知识。环境科学是研究人类社会发展活动与环境演化规律之间互相作用关系,寻求人类社会与环境协同演化,持续发展途径与方法的科学。[②] 这些环境科学知识既包括与我们日常生活相关的节水节电、垃圾分类、白色污染、节能减排等常识性知识,也包括国际热点议题中的气候问题、温室效应、太阳能应用、核能使用等具有更加广泛意义的深层次知识,还包括如何科学有效地运用各种科学技术,并将之服务于全人类、全社会的科学伦理性常识和技能。大学生只有通过认真学习和掌握更多的环境科学知识,才能拥有战略性眼光,预见人类在生产、生活中开发和利用自然的行为是否会具有不良的影响及后果,才能合理正确地进行消费,进而增强大学生生态文明建

---

① 李军. 走向生态文明新时代的科学化指南——学习习近平同志生态文明建设重要论述[M]. 北京:中国人民大学出版社,2015.

② 李娟. 中国特色社会主义生态文明建设研究[M]. 北京:经济科学出版社,2013.

设的能动性和创造性。

第三,指导大学生了解生态保护法律知识以及政策法规知识。学习和掌握环境法律知识和政策法规知识是大学生生态文明教育的中心环节。通过学习,使大学生认识到今后在我国生态文明建设事业上以及环境保护工作中从思想认识上以及行动中要依据国家政策知法、守法,同时还要懂得执法,更重要的是要通过法律手段来监督破坏环境等违法、违规现象保护生态环境。党的十六大、十七大、十八大、十九大报告以及《中华人民共和国环境保护法》《大气污染防治行动计划》《全国生态保护"十三五"规划纲要》等重要的政策法规都为我国生态文明建设和绿色发展实现有法可依提供了强有力的政策基础和法律保障,是大学生生态文明教育的重要内容。

(二)帮助大学生树立牢固的生态文明观念

大学生生态文明教育的中心目标是通过宣传教育培养大学生的生态文明意识,使大学生增强对生态文明理念的认同感,鼓励大学生亲近自然、热爱自然,培养大学生具备生态文明责任感,鼓励他们能够积极投身社会主义生态文明建设事业当中,最终树立牢固的生态文明观念。

实现大学生生态文明教育工作的中心目标主要经历以下环节:

首先,指导大学生形成生态文明意识。我国著名生态哲学家余谋昌认为,生态意识是"人对自然的关系以及这种关系变化的哲学反思,是对现代科学发展成果的概括和总结"[①]。大学生的生态文明意识是大学生在认识和改造客观世界的过程中对自然生态环境情感和态度的一种升华和理性反应。高校开展大学生生态文明教育要以增强大学生的生态忧患意识和生态道德意识为目标,指导大学生了解人类赖以生存和发展的环境恶化的严重

---

① 余谋昌. 生态哲学[M]. 西安:陕西人民教育出版社,2000.

性,深刻感受生态环境污染、生态危机给人类所带来的威胁和灾难,激发大学生保护自然的责任感和紧迫感,增强大学生的生态忧患意识和生态道德意识,鼓励大学生尊重自然、热爱自然、善待生命,珍惜自然资源,合理开发利用资源,杜绝铺张浪费和过度消费,维护生态平衡,促进生态文明环境的良性科学发展。

其次,增强大学生生态文明责任感。培养大学生的生态文明责任感,不仅是指导大学生肩负起保护自然的责任,履行回馈自然的义务,更重要的是培养大学生担当起对未来人类发展的责任。因为,我们生存的地球只有一个,生态环境和自然资源一旦遭到破坏和过度使用是难以修复和不可再生的,当代的人类与过去和未来的人类都有享用地球资源与环境的平等权利,因此,作为当代的大学生更加有责任履行促进社会主义生态文明建设的义务,树立"为子孙后代留下一片绿水青山"的责任感和使命感。

最后,牢固树立大学生的生态文明观念。党的十七大报告首次提出"建设生态文明",进而在全社会逐渐形成了生态文明观念。大学生生态文明教育重要目标之一就是指导大学生树立牢固的生态文明观念,大学生通过学习马克思主义理论知识,进行行为习惯的训练,使大学生具备全面的生态文明意识、良好的生态道德素质和保护生态环境的习惯,从而树立与我国生态文明建设发展相适应的生态价值观、生态自然观、生态伦理观、生态世界观、生态实践观以及绿色消费观等生态文明观念,使大学生为保护环境而做出自觉承诺。

(三)促进大学生具备一定的生态文明技能

大学生生态文明教育的终极目标之一是通过鼓励大学生掌握生态文明知识,培养大学生生态文明观念,使大学生掌握并具备一定的生态文明技能。根据对其他国家此方面的研究显示,日本教育部门制定计划,有针对性地向学生提供更多的接触自然的机会,并通过接触自然积累保护自然和各种生活经验。日本教育部门在环境保护的教育和实践过程中,不仅为学生提供了更多的接触自然环境的机会,更培养了他们处理和解决自然生态问题的技能。新西兰针对学生环境教育的目标是首先要了解并理解目前国家所面临的生态环境问题,接下来是通过学习找到针对现有生态环境问题的解决办法,并通过所学的知识和技能阻止新的生态问题产生。结合国外生态环境教育的目标经验,我们可以总结出我国大学生生态文明教育的行动目标之一是指导学生掌握生态文明技能,由于在我国经济社会发展过程中,会遇到各种各样的生态环境问题,虽然有些工作需要使用高科技手段进行控制,但大部分环境问题的处理,仅需掌握常规生态文明技能就能够解决。对于大学生来说,在大学的教育过程中学会发现和辨别生态环境问题,训练和发展生态文明技能,并把这些技能应用于日常的生活和工作中,这将对我国的生态文明建设事业做出很大的贡献。高校可通过定期开办生态技能培训讲座、参与社会生态实践活动等形式,实现大学生能够熟练掌握生态文明技能这一教学目标。

第一,高校应通过组织校园活动或完成科研项目的形式,来丰富和完善大学生参与生态文明的内容和形式。这些参与的内容和形式可以包括开办各种生态文明技能的培训班,指导大学生进行有关生态文明政策法规的专题学习;定期聘请校外专家或有丰富经验的环境保护人员为大学生做主题讲座,举办有关生态环保方面的研讨会等,来实现调动大学生积极性,并广泛参与社会主义生态文明的建设;此外,学习相关专业的学生,应加强研发与学习,从而熟练掌握节能减排的绿色生产技能。当前我国要解决环境问题、建设生态文明首先必须从调整生产方式着手,提倡绿色节能减排、绿色生产方式,大学生必须学会发展循环经济、走低碳经济之路、倡导清洁生产、开发新兴能源等科学技能。

第二,高校应鼓励大学生参加校外生态实践活动。高校应支持大学生进行实地调查、自然探索、野外实习等多种形式的校外实践活动,通过实地调研制作问卷、总结数据、提炼报告,使大学生在参与中学习,在实践中体会生态环境的真实状况,以他们亲身参与的经历和社会实践的体会,引领他们重新认识生活中、工作中自身在生态环境保护方面的不足,进而培养他们解决生态环境问题的技能。

(四)帮助大学生养成良好的生态文明习惯

大学生生态文明教育终极目标之二就是帮助大学生形成良好的生态文明习惯。大学生群体是祖国的未来、民族的希望,肩负着建设社会主义祖国的重要任务,在我国生态文明建设的这一重要历史时期,没有大学生群体的参与,就会影响生态文明的实践,影响生态文明建设的结果。从未来我国生态文明建设的总体发展来看,大学生群体参与生态文明建设的程度如何,会决定我国生态文明的发展进程和效果如何。因此,高校应充分发挥教育主阵地的作用,通过树立大学生绿色理念,选择绿色的生活方式,养成绿色消费观念等手段,制定合理的人才培养方案,引导大学生养成良好生态文明习惯,通过大学生所能起到的导向作用,从而改善全社会生态文明氛围。大学生需要养成的良好的生态文明习惯包括:第一,树立和谐共生的绿色理念,面对当今世界资源不断枯竭、生态环境不断恶化的严峻形势,大学生作为具有影响力的特殊群体,必须拥有生态保护意识,正确认知人与自然的关系,最终形成科学的发展理念。第二,选择绿色的生活方式。绿色生活强调人与自然和谐相处,要求大学生养成绿色的生活方式,成为"绿色大学生"。具体的行为表现为:随手关闭水龙头,防止水资源的浪费;慎用清洁剂等化学洗涤用品,减少水污染;随手关灯,节省每一度电,减少一份污染,无论是在学校还是在家里或是在其他公共场所,指导大学生养成随手关掉不用的灯和电器的习惯,白天尽量利用自然光,减缓地球变暖、阻止酸雨危害。多用可再生能源,减少汽车的使用。鼓励和支持大学生学会使用太阳能、风能、潮汐能、低热能等可再生能源,外出尽量多以自行车或步行代替汽车出行,或者使用新能源汽车,减少汽车尾气排放,防止大气污染;发现焚烧庄稼秸秆、街头露天烧烤、汽车排出大量黑烟,要有向环境监测部门举报的意识;倡导绿色消费观念。高校应注重引导大学生转变消费观念,从源头上控制资源的消耗,提高大学生资源利用率,大力推广国家的绿色消费模式,规范大学生的消费行为,杜绝过度消费和不必要的浪费。引领大学生走正确的可持续发展之路,实现大学生形成良好生态文明习惯的行为目标。

三、大学生生态文明教育的原则

大学生生态文明教育的原则是遵循人与自然关系的发展规律和环境科学的本质特征,结合高校教育的实际情况和大学生生态文明教育的性质特点,在依照大学生生态文明教育过程中的基本要求和指导思想的基础上而制定的准则。它是主观思想在客观现实中的反映、理论思想应用于实践行动的中介。大学生生态文明教育原则的确立,是将生态文明教育的核心思想更加科学合理地渗透到实际教育教学过程中,可以使大学生生态文明教育工作更加有的放矢,简化了培育过程,使大学生生态文明教育具有条理性,增强教育效果。国际上,虽没有明确地规定大学生生态文明教育原则的具体内容,但对环境教育却有一般性的要求。1977年,苏联格鲁吉亚加盟共和国的第比利斯召开的国家环境教育大会上提出:"环境教育的原则应是面向各个层次的所有年龄的人;环境教育应是一种终身教育,能够对瞬息万变的世界中出现的各种变化做出反应;环境教育应在广泛的跨学科的基础上,采取一种整体性的观念和全面性的观点,认识到自然环境和人工环境是深深地相互依赖的。"[①]会议上提到的多项环境教育基本原则至今对制定当前我国大学生生态文明教育的原则仍具有参考价值和指导意义。当然,各国国情不同,在遵循国际环境教育原则的基础上,结合我国现存教育模式特征以及大学生所体现出的

---

① 徐辉、祝怀新.国际环境教育的理论与实践[M].北京:人民教育出版社,1996.

生态文明意识标准,我国大学生生态文明教育应遵从以下几方面原则。

（一）教育内容的综合性原则

大学生生态文明教育的内容要包括自然科学知识以及跨学科性和交叉性的社会科学知识。在具体的大学生生态文明意识培育过程中,由于大学生生态文明教育是以生态意识教育、生态素质教育、生态德育教育为基础的,必须坚持教育内容全面性、综合性、多角度的特点,来培养大学生良好的生态文明行为和生态文明习惯。因此,大学生生态文明教育在内容上要遵循一定的原则和立场,即在大学生生态文明教育过程中,不仅需要传授生态文明知识,将知识与生态文明意识融于一体,还需要把多学科的内容进行整合,将教育学科由单一的、简单的内容转变为涉及科学、技术、文化、经济、艺术、哲学、历史、美学、伦理学等多方面学科的综合内容。然后将这些内容交叉融合,最终形成多向度、立体式的学科资源,从而帮助大学生从更加全面、科学的角度获得生态文明的意识、知识和技能。

（二）教育方法的多样性原则

大学生作为高校开展生态文明教育过程中的教育对象,是具备高水平理解力和分析判断力的优秀青年群体,他们思维敏捷,充满活力和创造力。就目前高校课堂教育的方式方法而言,更多的是以课堂知识传授为主,教育教学形式单一,对大学生群体的教育效果不明显。所以,依照教育方法的多样性原则,大学生生态文明教育的方式方法除了遵循教育的共性方法以外,还应结合受教育者的特点,挖掘更多的科学合理的教育方法,来激发大学生学习生态知识的热情,加快提高生态文明教育的成效。在大学生生态文明教育中坚持教育方式方法的多样性原则还要做好以下几方面的工作:第一,要将生态文明知识化整为零渗透到相关的各个学科和校园活动当中,使大学生在各门知识的学习中获得生态知识、培养生态意识；第二，在教育教学的过程中，也可收集与生态文明有关的各项教育内容，从中梳理出符合社会主义生态文明建设的观点和内容，将这些内容进行分析，形成一门独立的课程，直观全面地传授给大学生。第三，可以根据教学的需要，组织并指导学生探访大自然、参观生态文明教育基地、实地考察环境资源破坏地区或采用实验分析的方法，获得第一手的生态环境状况资料，来帮助大学生直观生动地了解和学习生态文明知识。

（三）教育主体的发展性原则

发展性原则是将大学生生态文明教育放在发展的视域和角度下进行研究。首先，发展是生态文明教育的固有属性。从生态文明教育的主体——大学生生态意识的形成到其生态文明行为的养成，每一名学生都经历着从生理成长到心理逐渐发展成熟的过程。教育的发展推动着个体思想的进步，发展的流动性和向前性带动着教育内容和方法的不断完善和进步。随着时间的向前推移，社会主义生态文明建设的理念也在不断创新进步，大学生个人的生态素质也在教育中得到提高，各种生态意识水平逐渐向更高层次推进，教育的发展性原则一直渗透和贯穿于教育的整个过程中。其次，可持续发展的发展理念是生态文明教育的前进动力。面对现实的生态环境问题以及资源耗竭、人口膨胀、灾害频发、物种灭绝、疾病肆虐等危机问题，人类已经发现它们正在不断地呈现出新的变化，并严重威胁着人类的生存与发展。于是，国际社会提出可持续发展理念作为人们看待事物和处理问题的生态意识，为解决各种危机问题提供精神动力和智力支持。从经济社会科学发展的角度，我国也将可持续发展的理念纳入整个社会主义生态文明建设的实践中来，坚持人与自然、人与社会的协调可持续发展原则，以前瞻性、超越性的发展理念为指导，不断以先进的生态文明教育目标、内容和方法引导大学生，把发展的意识与生态文明教育融合在一起，不断促进我国生态文明的教育事业向前发展。

（四）教育途径的实践性原则

培养大学生的生态文明意识和生态文明观念注重引导大学生将课堂上所学到的生态文明理论概念应用到解决具体生态环境问题中，使"知"落于"行"，这是大学生生态文明教育途径实践性原则的基本要求。具体来说，就是在各项实践活动中，培养大学生保护生态环境的忧患意识和责任意识，通过鼓励他们积极参与到生态环境保护事业中，增强大学生对生态环保问题以及生态危机局面的反思能力。对这些问题感同身受的理解，促进他们更加积极地学习和掌握解决生态环境问题的技能，并最终养成保护生态环境的习惯。2018年我国六五环境日的主题是："美丽中国，我是行动者"。该主题旨在推动社会各界人士积极参与生态文明建设，携手行动共建美丽中国。历史经验证明，只有人类尊重自然，顺应自然，保护自然，积极参与生态环境事务，加快形成绿色生产方式和生活方式，才能让绿水青山就是金山银山的理念在公众的心里生根发芽，在祖国的大地上充分展示。因此，大学生只有刻苦学习生态环保知识和生态环保技能，广泛参与各种环境保护事业与大自然零距离接触，才能从根本上实现大学生生态文明教育的目的和意义。

第五章　大学生生态文明教育的内容与途径

　　面对资源紧张、生态退化、污染日益严重的严峻形势,国家提出大力推进生态文明建设,实施全面可持续的发展战略。由此,高校应充分调动大学生生态文明建设的积极性,制定并构建适应大学生身心发展且与时俱进的生态文明教育内容和教育途径,提升大学生生态文明的综合素养和忧患意识。本章主要从大学生生态文明教育的内容和教育途径两方面入手,阐述相关重要内容。

一、大学生生态文明教育的主要内容

　　《国家教育事业发展"十三五"规划》在文件第二部分全面落实立德树人根本任务中指出:"增强学生生态文明素养。强化生态文明教育,将生态文明理念融入教育全过程,鼓励学校开发生态文明相关课程,加强资源环境方面的国情与世情教育,普及生态文明法律法规和科学知识。广泛开展可持续发展教育,深化节水、节电、节粮教育,引导学生厉行节约、反对浪费,树立尊重自然、顺应自然和保护自然的生态文明意识,形成可持续发展理念、知识和能力,践行勤俭节约、绿色低碳、文明健康的生活方式,引领社会绿色风尚。"[①]这是对我国各级各类学校今后开展生态文明教育做出的总体阐述。此外还指出:"生态文明教育的内容应包括生态文明国情世情知识教育、生态文明科学知识教育、生态文明法律法规知识教育、生态文明道德伦理知识教育、生态文明绿色消费知识教育、生态文明实践能力教育六个方面。"《国家教

---

　　① 国家教育事业发展"十三五"规划[Z].2017-1-19.

育事业发展"十三五"规划》为我国大学生生态文明教育的具体内容提供了总体规划目标和具体行动纲领,是未来我国大学生生态文明教育内容构建的重要指导性文件。因此,当前我国大学生生态文明教育的内容基本是依据其内容制定和深化的。

（一）生态文明国情世情知识教育

2017 年 10 月 18 日,中国共产党第十九次全国代表大会胜利召开,习近平总书记做重要报告,他在报告中指出:"坚持人与自然和谐共生。建设生态文明是中华民族永续发展的千年大计。必须树立和践行绿水青山就是金山银山的理念,坚持节约资源和保护环境的基本国策,像对待生命一样对待生态环境,统筹山水林田湖草系统治理,实行最严格的生态环境保护制度,形成绿色发展方式和生活方式,坚定走生态环境保护制度,形成绿色发展方式和生活方式,坚定走生产发展、生活富裕、生态良好的文明发展道路,建设美丽中国,为人民创造良好生产生活环境,为全球生态安全做出贡献。"①同时,报告中还用一个章节的篇幅详细地阐述了今后我国加快生态文明体制改革,建设美丽中国的具体实施步骤和详尽内容。当前,为了更好地将十九大报告有关生态文明建设方面的内容推进和实施,我国高校应当积极开展大学生生态文明教育,使大学生对于全球生态环境的真实状况和我国生态文明建设的政策措施得以充分了解和认知,学习有关生态文明国情和世情的知识,增强大学生保护生态环境的紧迫感和责任感,从而提升他们应对生态问题的行为能力和自觉意识。具体教育内容如下:

1. 关于全球生态环境情况的教育

开展大学生生态文明教育应先从了解全球生态环境现状入手,帮助大学生全面了解工业革命发生以来,资本主义发展模式

---

① 习近平. 决胜全面建成小康社会 夺取新时代中国特色社会主义伟大胜利——在中国共产党第十九次全国代表大会上的报告[M]. 北京:人民出版社,2017.

所带来的生态问题，"掠夺"自然所造成的生态损失，过度消费、过度消耗、过度排放所造成的全球气候变化等全球生态环境情况。指导大学生具体学习了解目前全球人口过剩、洁净水缺乏、卫生设施不足、城市及室内空气污染的状况以及人类为了追求短期的经济增长，过度砍伐森林、捕捞鱼类和开采矿产的具体现状。通过真实的数据、生动的图片和影像资料，以实地调查和亲身的感受的方式，使大学生充分认清全球气候危机、生态危机这一严峻的危机情况。鼓励大学生主动应战，从本质上真正处理好人与自然之间的关系，缩小人与自然之间矛盾的差距。善待自然，像对待自己的生命一样对待自然环境，与大自然和谐共存，争取彻底改变现有的发展模式，为全球生态安全做出贡献。

2. 关于我国生态环境情况的教育

开展大学生生态文明教育应以对我国生态环境状况的学习为基础，帮助大学生提升生态文明的忧患意识和责任意识。例如，据统计我国 1/5 的城市空气严重污染；1/3 的国土受到酸雨影响；356 万平方千米的国土水土流失；174 万平方千米的土地沙化。而且，高污染、高消耗、低附加值是我国相当一部分出口产品的现状，这无疑是牺牲我国资源去补贴其他国家消费者的真实写照。大学生通过生态文明教育可以充分认识和掌握我国目前土地资源、森林资源、淡水资源、能源资源、矿产资源的现状，以及高速发展为我国带来的生态代价。认清环境污染严重、耕地被无情吞噬、生态系统全面退化、资源短缺等生态危机问题的根源。同时，对大学生进行有关我国生态环境现状的教育，能够增强大学生的生态忧患意识，激发他们的爱国热忱，使他们尽快将生态保护的社会要求内化为自身的自觉意识，促进他们积极主动地在生活、工作、学习中践行生态环境保护思想。

3. 关于世界生态环境保护政策措施的教育

大学生生态文明教育的内容应以学习世界生态环境保护政

策措施为先导。高校开展大学生生态文明教育应指导大学生充分学习和掌握国际生态环境保护的政策措施,如联合国人类环境会议通过的《人类环境宣言》、贝尔格莱德会议提出的第一个环境教育的国际宣言《贝尔格莱德宣言》、第比利斯会议通过并发表的《第比利斯政府间环境教育宣言和建议》以及国际自然与自然资源保护同盟、联合国环境规划署和世界自然基金会出版的《世界自然保护大纲》等关于生态环境保护的重要文献内容。此外,1992 年在里约热内卢召开了第二次人类环境大会,会议通过的《里约环境与发展宣言》(又称《地球宪章》《21 世纪议程》)以及为使人类免受气候变暖的威胁,世界各国于 1992 年签署的《联合国气候变化框架公约》、1997 年在《联合国气候变化框架公约》的基础上签署的补充条款《京都议定书》、2015 年巴黎气候变化大会通过的《巴黎协定》等重要气候保护文件都是需要大学生学习和了解的国际重要生态环境保护政策措施内容。只有充分学习和掌握这些国际生态环境保护的纲领性文件,才能更加有效地认识和理解我国有关生态环境保护的政策和措施。

4. 关于我国生态环境保护政策措施的教育

根据国际生态环境保护大会所提出的重要文献内容,我国结合实际国情也制定出一系列的环境保护政策措施。当前,开展大学生生态文明教育应着重加强大学生关于我国生态文明建设及生态环境保护政策措施的学习和践行。大学生需要学习内容如下:中国共产党第十六次、第十七次、第十八次、第十九次全国代表大会的会议精神及有关生态文明方面的相关内容;重点掌握党的第十九次全国代表大会的会议精神;与时俱进地处理好与生态文明建设、生态环境保护、合理利用资源有关的各项工作;认真学习习近平总书记关于社会主义生态文明建设的重要论述以及习近平生态文明思想的相关内容,以新的发展理念为依据,科学地处理好经济发展与生态环境保护之间关系。总之,鼓励大学生认真学习和领会生态文明与美丽中国梦的关系,建设清洁美丽中国、走向生态文明是我们全国各族人民的伟大梦想和光荣使命，更是大学生需要肩负起的历史重任。

（二）生态文明科学知识教育

大学生在充分了解生态文明的国情、世情知识后，会增强生态文明建设的紧迫感，然而缺乏高科技知识、受所学专业的限制乃至对生态文明科学知识的掌握不全面都会使得大学生缺乏解决生态危机问题的能力和信心。因此，大学生生态文明教育的内容可以将生态科学和环境保护的基础知识教育纳入高校的必修课或选修课中，同时也可以通过专题讲座、组织校内学生活动或校外志愿服务等形式，促进大学生对现代生态科学知识、环保科普常识、环保服装常识、环保饮食常识、绿色生态环保住房、环保出行知识等基础性的日常环保知识以及重要的环保节日等知识的深入了解和学习。通过对以上生态科学知识的学习，结合大学生自身的专业知识，经过大学生个人经验的不断积累，提升大学生运用生态规律和环保知识来解决生态环境问题的能力，并为今后国家拓展解决生态环境等方面的问题出谋划策。

1. 现代生态科学知识的教育

现代生态科学是自然科学、社会科学和横向科学（如协同论、系统论、散耗结构理论等）有机结合的产物，它对于生态文明具有指导作用，是我国生态文明建设的重要指南。开展大学生生态文明教育应指导大学生掌握和学习这些重要的现代生态科学法则知识。第一，学习普遍联系协调发展法则，帮助大学生了解生态系统是一个互相依存、错综复杂联系的整体，"物物相关""相生相克"。自然—人—社会亦是一个复合的生态系统，它们之间也是普遍联系、协同进化、协调发展的。第二，学习循环转化绿色发展法则。生态系统中物质、能量存在循环转化，自然—人—社会复合生态系统、生产系统、消费系统亦存在循环转化。循环转化可用于生态文明建设中的绿色发展，既能节约资源，又能提高经济发展的质量和效应。第三,学习生态平衡阈值为度法则。生态平衡问题是当今人类最关注的理论问题和最重要的实践问题。生态系统具有自我调控和自我发展的能力。这种自我调控和自我发展是有一定限度的。这种限度被称为阈值。一旦人类活动超出了阈值范围,生态平衡就会被打破。因此,生态平衡阈值为度的法则是大学生在处理任何生态环境问题时都必须遵循的。第四,学习生态因子多样性增加生态系统稳定性法则。指导大学生学习了解生态因子多样性法则,即生态系统的结构越是复杂生态发展越是合理,自我调节力和抗干扰力就越强,生态功能就越完善,生态系统亦是趋于稳定。

2. 生态环保常识的教育

大学生生态文明教育的内容在注重现代生态科学知识法则学习的同时,应更加注重日常生活中的生态环境保护常识的学习。这些生态环保常识与人们的生活息息相关,受生活点滴的影响,汇聚在一起就会对整个生态环境造成巨大的影响。大学生作为我国新时代建设具有中国特色社会主义的主力军,他们的言行和日常的生活习惯将会对未来的生态文明发展产生巨大而深远的影响。因此,在大学生生态文明教育中加入生态环保常识教育,对大学生生态文明行为的养成及践行具有重要意义。具体需要学习的环保常识性知识如下:第一,学会认识常见的环保标志(绿色食品标志、中国节能产品认证标志、中国节水标志、回收标志等),通过这些标志的学习有助于提升大学生需要保护环境的意识。通过各种标志的学习,提醒大学生改善人与环境的关系,创造自然界的新和谐。第二,学习生活中的环保常识,环保常识的学习可以从能源分类入手。了解可再生资源和不可再生资源的区别,寻找可替代能源,学会开发利用生物质能、风能、太阳能、地热能。日常生活中努力做到减少碳排放、远离可持续有机污染物的危害、减少使用含磷洗衣粉等。第三,学习掌握环保饮食常识,学会区别有机食品和其他食品,拒绝转基因食品,学会识别受污染的鱼类,减少食品添加剂的摄取,坚持食品垃圾分类回收等。第四,学习环保出行的基本常识。大学生可以通过学习了解大气污染的危害、雾霾的危害、空气污染指数的含义、了解汽车排放的有害气体对大气的影响、学习绿色出行、低碳旅行的小知识等,来实现环保出行减少污染的环保目标。第五,学习保护生活环境的环保知识。帮助大学生充分认识和学习塑料制品的危害、防治白色污染的科学方法、如何回收废旧电池以及节约用电的方法等生活环保常识,通过此项知识的学习在日常生活中加强大学生生态环境保护教育,提升大学生保护生态环境的本领。

3. 生态文明各种节日的教育

大学生生态文明教育中有关生态文明科学知识的教育内容还应包括生态文明各种节日的学习。目前随着环境的日益恶化,有关生态文明的节日在日益增多,这反映出人类对环境问题的关注程度在日益增强,因此,针对大学生群体加强有关生态文明各种节日的教育,这对于环保事业的发展是十分有利的。每年需要学生了解的比较重要的环保节日如下:每年 2 月 2 日为"世界湿地日";3 月 21 日为"世界森林日";3 月 22 日为"世界水日";3 月 23 日为"世界气象日";4 月 22 日为"世界地球日";每年 5 月第 2 个星期六为"世界候鸟日";5 月 22 日为"国际生物多样性日";4 月 7 日为"世界无烟日";6 月 5 日为"世界环境日";6 月 8 日为"世界海洋日";6 月 17 日为"世界防治荒漠化和干旱日";7 月 11 日为"世界人口日";9 月 16 日为"世界保护臭氧层日";9 月 22 日为"世界无车日";9 月 27 日为"世界旅游日";每年 9 月的第 3 个周末为"世界清洁地球日";10 月 4 日为"世界动物日";10 月 16 日为"世界粮食日";11 月 25 日为"世界素食日"。大学生通过深入学习,可以了解各个节日与生态环境保护直接或间接的联系,并可借助各个节日的契机,开展环境保护活动,增强环保工作的实效性。

（三）生态文明法律法规知识教育

党的十九大报告指出："全面依法治国是中国特色社会主义的本质要求和重要保障。坚持依法治国和以德治国相结合，依法治国和依规治党有机统一，深化司法体制改革，提高全民族法治素养和道德素养。"①现阶段，我国为大力推进生态文明建设和强化环境保护工作，规范市场、环境管理，提高公民法制观念和知法、守法的自觉性，已经重新修订或制定了多项有关生态环境保护的法律法规，从而实现保护环境，提高公民对生态文明的认知程度，使公民积极投身生态文明建设，学会利用法律法规来约束自己和保护环境的重要目的。然而，在我国大力推进依法治国、建设社会主义生态文明的进程中，大学生中还存在着生态法律法规知识缺乏，生态文明法律观念淡漠，难以正确运用环境法律保护自我和生态环境，法盲犯法、知法犯法的现象。因此，我们将生态文明法律法规教育这一重要内容纳入大学生生态文明教育中具有重要的现实意义。

1. 关于国内环境保护法律法规的教育

大学生生态文明教育中有关生态文明法律法规的教育内容应以国内环境保护法律法规的学习为起点。习近平总书记在《十八届中央政治局第六次集体学习时的讲话》（2013 年 5 月 24 日）中指出："保护生态环境必须依靠制度、依靠法治。只有实现最严格的制度、最严密的法治，才能为生态文明建设提供可靠保障。"②我国自 2015 年 1 月 1 日起开始实施的新《中华人民共和国环境保护法》（以下简称《新环保法》）是为保护和改善环境，防治污染，保障公民健康，促进经济社会可持续发展，大力推进生态文明建

---

① 习近平. 决胜全面建成小康社会 夺取新时代中国特色社会主义伟大胜利——在中国共产党第十九次全国代表大会上的报告[M]. 北京：人民出版社，2017.

② 中共中央文献研究室. 习近平关于社会主义生态文明建设论述摘编[M]. 北京：中央文献出版社，2017.

设而制定的国家法律,它包括总则、监督管理、保护和改善环境、防治污染和其他公害、信息公开和公众参与、法律责任、附则共七章。首次规定了生态保护的红线,被称为"史上最严厉的环保法"。《新环保法》为大学生生态文明教育中的生态环境法律教育提供了蓝本,高校教育工作者可以通过讲解结合实例使大学生充分认识和了解《新环保法》的内容,领会国家政府依法治理环境污染问题的决心和力度。除此之外,国家还在充分借鉴《新环保法》的基础上,针对近年来我国多地区出现雾霾等大气污染严重现象,制定了《中华人民共和国大气污染防治法》(主席令第三十一条)(2015 年 8 月 29 日);针对松花江水污染事故、太湖蓝藻暴发、汉江污染等水污染问题,制定了《中华人民共和国水污染防治法》意在针对水污染排放的现象严厉惩处,强化政府及相关人员的责任意识,保障饮用水的安全问题。大学生生态文明教育可以通过加强这些与大学生日常生活贴近的生态法律法规教育,来提升大学生的生态环保意识和能力,促进各项法律法规的贯彻实施。此外,其他需要大学生学习和掌握的法律法规还包括《中华人民共和国水法》(2016 年 7 月修订)、《中华人民共和国节约能源法》(2016 年 7 月修订)、《中华人民共和国海洋环境保护法》、《中华人民共和国环境保护税法》、《中华人民共和国节约能源法》、《中华人民共和国可再生能源法》、《中华人民共和国防沙治沙法》、《中华人民共和国森林法》、《中华人民共和国宪法》(环境保护条款摘录)、《中华人民共和国刑法》等相关环境保护的重要法律以及《农药管理条例》《国家危险废物名录》《城镇排水与污水处理条例》《企业信息公式暂行条例》《废气电器电子产品回收处理管理条例》《国家突发环境事件应急预感》等相关重要条例。可以说中国目前的生态环境保护法律法规已经初步形成了一定的体系,并在进一步完善,它有待年轻有为的大学生们去学习,并在今后的工作和生活中去践行。

2. 关于国际环境保护法律法规的教育

地球是全人类的,环境需要全世界人民来共同保护,国与国之间只有边界限制,但是有关环境、资源和气候问题,世界各国却是没有边界紧密相连的。因此,大学生生态文明教育中有关生态文明法律法规的教育内容还应加入国际环境保护法律法规的学习。1972 年在瑞典斯德哥尔摩举行的联合国人类会议,是标志国际环境法诞生的重要会议。《国际环境法》是关于国际环境问题的原则、规则和制度的总合,是主要调整国家在国际环境领域的具有法律约束力的规章制度,是保护环境和自然资源、防止污染和制裁公害的国际法律法则。大学生对《国际环境法》的学习和了解,为他们毕业后处理与国际环境保护有关的问题提供了理论依据。此外,1971 年国际社会在伊朗的拉姆萨尔通过的关于保护水禽栖息地的国际重要湿地公约《拉姆萨尔公约》、1985 年由联合国环境规划署在维也纳签订的关于保护臭氧层的条约《保护臭氧层维也纳公约》、1994 年正式生效的关于防止海洋污染的国际法《联合国海洋法公约》、1992 年在里约热内卢联合国环境与发展大会上签署的为生物资源和生物多样性的全面发展和可持续利用而制定的《生物多样性公约》、1992 年在巴西举办的联合国环境与发展大会上签署的《联合国气候变化框架公约》以及 1994 年在巴黎签署的《联合国防治荒漠化公约》都是国际上非常著名的环境保护法律公约,在大学生生态文明教育的过程中,高校应认真组织他们学习这些重要的法律法规,提升他们在环境保护方面的综合实力,鼓励他们承担起对国家和国际自然环境保护的更多的责任和义务。

(四)生态文明道德知识教育

党的十九大报告中指出:"坚持人与自然和谐共生,树立和践行绿水青山就是金山银山的理念;加强思想道德建设,提高人民思想觉悟、道德水准、文明素养,提高全社会文明程度。推进诚信建设和志愿服务制度化,强化社会责任意识、规则意识、奉献意识。"①当前,高校开展大学生生态文明教育应当坚持人与自然和

---

① 习近平. 决胜全面建成小康社会 夺取新时代中国特色社会主义伟大胜利——在中国共产党第十九次全国代表大会上的报告[M]. 北京:人民出版社,2017.

谐共生的理念,通过生态文明道德教育增强大学生的生态文明道德意识、提高大学生的生态文明道德水准和文明素养、培养大学生的生态文明道德观。对于当代大学生来说,高校开展生态德育教育不仅有助于大学生将人类发展权利与自然生存发展权利统一起来,将自身价值与尊重自然联系起来,还将国家的现实利益延伸至未来利益。因此,高校应将生态文明道德教育作为大学生生态文明教育的核心内容对大学生进行系统教育和培养。具体的生态文明道德知识教育内容如下:

1. 培育大学生的生态文明道德意识

第一,唤起大学生的生态危机意识。培育大学生生态文明道德意识,首先需要唤起大学生的生态危机意识。当前,全世界正面临着人口过剩、不可再生资源减少、生态环境污染、全球变暖等一系列的生态危机问题。这些危机问题和社会矛盾引发了大学生对于当前生态状况的更多关注,催生了他们对所处生态环境的危机意识,促使他们必须勇敢地正视这一问题和冷静地寻找研究解决这一问题的方法。

第二,培养大学生的生态责任意识。培育大学生生态文明道德意识,需要明确大学生的生态责任意识。大学生生态文明道德教育需要造就的是未来国家和社会的生态管理者、决策者,这就需要大学生在大学阶段就要明确生态责任意识,切实承担起实现人与自然、人与社会之间协调发展的责任以及节约使用自然资源和防止生态环境污染的义务。

第三,构筑大学生的生态共赢意识。培育大学生生态文明道德意识,需要构筑大学生的生态共赢意识。地球是一个整体,关于生态问题任何一个国家单独采取行动,都不可能从根本上解决问题,它需要地球上所有国家所有人的共同合作,不分贫富强弱公正地维护国际环境,平等地享受环境带给我们生存基础。构筑生态共赢意识,维护生态平衡,更是当代每个大学生义不容辞的责任。

第四,培养大学生的生态审美意识。培育大学生生态文明道德意识,需要培养大学生的生态审美意识。大自然的美是"和谐之美""整体之美"。优美的自然生态环境使人心旷神怡,清新的空气使人头脑清醒。身临其境,对自然美的欣赏,有助于引导大学生学会热爱自然、热爱生活,以自然之美引导善良之心,培养拯救地球自然环境之感。大学生审美意识教育意在陶冶大学生的情操,唤醒大学生的忧患意识,更加积极主动地化解环境问题和生态危机。

2. 树立大学生的生态文明道德理念

第一,巩固大学生的生态正义理念。高校开展大学生生态文明教育应将生态正义理念作为树立大学生生态文明道德理念的首要内容。所谓正义是属于道德理念的范畴,它通常指按照特定的道德标准所产生的行为。目前,大学生的生态正义理念还不够坚定,遇到生态风险问题或责任分担问题,虽有正义之心,还不能主动立足于正义感挺身而出规范人类的破坏环境行为和思想。因此,高校应加强对大学生生态正义理念的培育。积极引导大学生在符合生态平衡理念、符合生物多样性理念、符合世界人民共赢发展理念的前提下,正确处理当代人之间,当代人与子孙后代之间以及人与自然之间的利益关系。

第二,树立大学生的生态义务理念。高校开展大学生生态文明教育应将生态义务理念作为树立大学生生态文明道德理念的基本内容。所谓义务就是个体对他人或社会承担应有的使命、责任和任务,也就是做自己应当做的事。生态义务是在道德义务层面上的一种义务,是指大学生在生态文明社会中应承担的一种生态道德责任和使命。培养大学生树立生态义务理念就是引导大学生在享用和占有生态资源和自然环境的同时,自觉承担起热爱自然、尊重自然、保护自然的责任和义务,培养他们的社会责任感和生态责任感。

第三,培养大学生的生态全球理念。高校开展大学生生态文明教育应将生态全球理念纳入树立大学生生态文明道德理念的内容之中。世界是一个地球村,随着全球经济的迅猛发展,环境发展与经济发展的矛盾日益凸显,温室效应、气候变暖、森林锐减、河流污染、大气污染等生态危机现象已经不简简单单是一个国家或几个国家能够解决的问题,它需要得到世界各国的共同关注。树立大学生的生态全球意识,就是需要他们克服狭窄的地区主义、国家主义和民族主义,反对一己利益。帮助大学生拓宽全球视野,培养大学生具有维护全球生态平衡的献身精神,具备生态全球观。

第四,引导大学生建立生态可持续发展理念。高校开展大学生生态文明教育应将生态可持续发展理念作为树立大学生生态文明道德理念的重要内容。所谓可持续发展理念就是在满足当前人们需求的同时,又能在未来满足子孙后代需求的能力的发展理念。众所周知,经济社会的发展离不开资源、环境和生态的可持续支撑,人类的生存与发展也依赖于自然的可持续发展。合理利用自然、节约资源、减少浪费、合理消费,不超越自然发展的临界值,为子孙后代留下生存的空间的生态可持续发展理念,正是当代大学生应认识和充分学习的重要生态理念。

(五)生态文明绿色消费知识教育

党的十九大报告指出:"加快建立绿色生产和消费的法律制度和政策导向,建立健全绿色低碳循环发展的经济体系。倡导简约适度、绿色低碳的生活方式,反对奢侈浪费和不合理消费,开展创建节约型机关、绿色家庭、绿色学校、绿色社区和绿色出行等行动。"[①]当前,国家倡导生产、生活和工作中的绿色消费观,反对"奢侈型"消费、"虚荣型"消费、"享受型"消费。然而,大学生作为社会中最活跃的消费群体,有着旺盛的消费需求。在日常生活和学习中往往存在不理性的消费行为:过度消费、攀比消费等,这些

---

① 习近平. 决胜全面建成小康社会 夺取新时代中国特色社会主义伟大胜利——在中国共产党第十九次全国代表大会上的报告[M]. 北京:人民出版社,2017.

行为不仅造成了很多不必要的浪费,还会影响其未来的消费观。因此,高校在开展大学生生态文明教育过程中应加入生态文明绿色消费方面的教育内容,帮助大学生改变重享受、高消费、勤购买、高污染、多浪费等不合理的消费理念,建立积极节约型、适度消费型、理性消费型的消费方式,培养大学生良好的生活消费方式,树立科学的生态文明消费观念。具体的生态文明消费知识教育内容如下:

1. 培养可持续适度的消费方式

联合国环境署于 1994 年在内罗毕发表的《可持续消费的政策因素》报告中指出:"可持续发展就是提供服务以及相关的产品以满足人类的基本需要,提高生活质量,同时使自然资源和有毒材料的使用量减少,使服务或产品的生命周期中所产生的废物和污染物最少,从而不危及后代的需求。"[①]培养大学生的可持续消费习惯就是在日常生活中,引导大学生养成摒弃污染浪费,多选绿色环保,注重重复循环产品的消费习惯。帮助大学生充分认识究竟什么是可持续消费,即不能孤立地将它理解为只是对某一环节实现可持续消费,而是要对从原料提取、预处理、制造、产品生命周期、影响产品购买、使用、最终处置诸因素等整个连续环节中的所有部分可持续消费的认识和理解。在提倡可持续消费的同时,我们还鼓励大学生养成适度消费的习惯。所谓适度消费是指适应国情国力、生产力发展和自然资源状况的一种消费状态,一般又称合理消费或科学消费。培养大学生适度消费的习惯就是鼓励大学生在基本满足生活需要标准的基础上,减少对物质资源无止境的占有,避免以享乐、挥霍为特征的无节制高消费行为,鼓励大学生自愿过俭朴生活和比较简单的生活,提倡循环使用物品,延长产品生命周期。这样既会帮助大学生养成良好的生活消费习惯,又有利于他们的身心健康,最终实现保护生态环境和自

---

① 可持续消费的政策因素[R].1994.

然资源可持续发展的战略目的。

2. 树立生态绿色的消费观念

生态消费是一种既满足人们对物质生活的追求，又能保持生态稳定平衡的消费行为。它是符合可持续发展战略要求的。其中绿色消费是生态消费的核心。当前人们生活在一个物质丰裕的社会，公众强劲的消费能力拉动着经济的增长，超市里满满的购物车，餐桌上琳琅满目的食品，商店里时尚潮流的服饰，用过即扔的潇洒（一次性物品的广泛使用）无不满足着人们各种各样的消费心理和欲求。抑制不住的消费欲望，广告、电视、网络、电商、商场、超市各种宣传媒体和购物平台成为消费者难以抵挡的消费诱惑。消费越多，生活越复杂，对资源和环境的影响就越深远。奢侈的交通方式、过度包装、冷藏食品、远距离运输、高建筑能耗这些富裕的代价就是一个千疮百孔的地球。人人都是排放者，地球已经超负荷。难道消费就意味着拥有较高的生活质量？消费就等同于幸福？消费就无碍于社会公正？对于当代的大学生来说，他们有理想、有本领、有担当，是祖国的未来，民族的希望。他们作为消费者中的一员，更应清醒地认识到生态消费、绿色消费的重要性，更应从衣食住行各个方面，自觉消费绿色产品，接受绿色服务，减少浪费。更应自觉抵制、坚决抵制那些高污染、高耗能的产品和出行方式，提倡生态绿色消费，树立生态绿色的消费观念。

3. 增加绿色科学技术知识的教育

绿色科学技术是生态化生产方式形成与发展的重要支撑，是生态绿色消费意识的前提基础。绿色科学技术的进步可以提高劳动生产率、拉动经济增长、从质量上改造生产力、带动产业结构变革实现生态、经济的可持续发展。同时，科学技术的飞速发展，可以改善人类赖以生存的生态环境。例如：人们可以通过研究提炼出有害成分含量较低的新型号燃油，从而减少污染物的排放。

可以通过开发电能汽车,解决资源短缺和污染问题。可以利用太阳能开发光伏空调,减少电能消耗,达到节省燃煤发电的目的。这些利用高科技来缓解和解决资源短缺和环境污染方面问题的例子,可以鼓励大学生投身科技研发和科技创新领域,将自己所学专业与生态环保联系起来。科技作为一种支撑能力是我国可持续发展的必备条件之一,也是推动我国公民生态绿色消费的前提基础。因此,在大学生生态文明教育的内容中增加绿色科学技术知识的教育内容,将有助于他们生态道德观的形成和发扬光大。

（六）生态文明实践能力教育

2017年1月国务院印发的《国家教育事业发展"十三五"规划》中指出:"践行知行合一,将实践教学作为深化教学改革的关键环节,丰富实践育人有效载体,广泛开展社会调查、生产劳动、志愿服务、公益活动、科技发明和勤工助学等社会实践活动,深化学生对书本知识的认识。"①因此,高校开展大学生生态文明教育在注重大学生生态文明国情世情知识教育、生态文明科学知识教育、生态文明法律法规知识教育、生态文明道德知识教育、生态文明绿色消费知识教育的同时,更要重视大学生生态文明实践能力的教育。高校要坚持在实践教育中,深化、提升和发展大学生对生态环境保护的认识,要将大学生生态文明的相关知识教育转化为一种具有主体性、亲历性、情感性、生成性的实践能力体验,坚持从实践中来,到实践中去的原则。将大学生已经内化于心的生态保护意识和生态保护能力外化于行,实现大学生生态文明教育的最终目标——知行统一。具体的生态文明实践能力教育内容如下:

1. 以生态文明教育为主题的参观考察教育

开展和加强大学生生态文明实践教育,应充分发挥社会和学

---

① 国家教育事业发展"十三五"规划[Z].2017—1—19.

校各种组织的教育作用。大学生生态文明教育不仅仅是在校园的课堂上,武装大学生的头脑和意识,而是应在各种校内外的实践活动中培养和践行他们处理生态文明建设方面问题的能力。高校在实际的大学生生态文明教育工作中,应适时加入以生态文明教育为主题的参观考察活动,通过有计划、有目的地组织大学生走出学校,进入企事业单位的生产工作之中、城市农村的社会生活之中、大自然的生态环境之中,来亲身感受生态环境危机造成的严重危害和深远影响,体悟加强生态文明建设的重要性和现实价值,增强生态环境保护和生态文明建设的责任感。如大学生可以利用寒暑假走访个人或同学中存在生态环境保护不利或生态环境已遭到破坏的家乡,实地考察当地的生态环境问题,逆向思维,扬长避短,将所了解的实际问题结合所学,总结整理数据形成报告,帮助这些县市探索绿色发展道路,实现绿色转折。高校还可以通过开设生态文明教育校外实践拓展课程,带领大学生走出校门走访当地的企事业单位,实地了解企业中曾经的生产污染问题以及在现代生态科技支撑下生产污染问题解决后所带来的巨大生态效益。有条件的高校还可以鼓励大学生走访和参观兄弟院校中的绿色学校,通过使大学生亲身感受他校的绿色生态校园环境来培养国家未来的绿色管理者。

2. 以生态文明教育为主题的志愿服务教育

《国家教育事业发展"十三五"规划》中指出:"构建学生志愿服务工作体系,把志愿服务纳入社会实践活动课程,组织学生开展志愿服务活动和其他社会实践主题活动,建立学生志愿服务记录档案,把志愿服务纳入学生综合素质评价内容。"[1]因此,高校开展大学生生态文明教育,提高大学生生态文明实践能力,应将大学生的生态文明志愿服务教育内容纳入大学生的生态文明教育内容之中。高校可以通过校团委的环保类社团机构,以生态环境

---

① 国家教育事业发展"十三五"规划[Z].2017-1-19.

保护、提升生态文明意识和培育大学生生态文明观为宗旨,组织大学生参与形式多样、内容丰富的生态文明志愿服务活动,并可结合学校的人才培养方案,给予参与志愿服务的大学生生态环保学分。鼓励大学生广泛参与生态文明志愿服务活动,指导大学生将志愿服务的心得体会转化为文字和数据,对志愿服务中的生态环境问题情况进行定位和分析,结合每年学校组织的"'挑战杯'大学生课外学术科技作品竞赛""'互联网+'大学生创新创业大赛""大学生创新创业训练计划项"等大学生科研项目的赛事活动,将大学生志愿服务的意义进一步提升一个台阶,为国家的生态文明建设献言献策、将实地调研信息转化为科技成果服务于国家的生态环保事业、影响和带动更多的公民参与到国家的生态文明建设事业中来。

3. 以生态文明教育为主题的实践活动教育

以生态文明教育为主题的实践活动教育是大学生生态文明实践能力教育中最基本的内容。高校应充分发挥高校学生会组织的引领作用,通过组织各种以生态文明为主题的实践活动,来贯彻和强化大学生的生态文明理念,在校园中营造出浓厚的环保氛围,使校园生态文明蔚然成风。如在确保安全的情况下,设计一系列的生存体验活动,让大学生感受到水、电等资源的重要性,激发他们的能源危机意识、节约能源的责任感。教育大学生立足身边节约小事:爱护校园环境、保护小动物、不乱扔垃圾、随手关水关电、减少使用一次性生活用品、坚持消费的自主性,避免消费的盲目性,树立科学的消费理念等。开展以环境保护、生态文明建设为主题的知识竞赛、问卷调查、辩论赛、征文大赛、演讲比赛、主题班团会等活动,激励大学生广泛参与,增强校园学生活动的互动性和实效性。鼓励大学生组织以绘制环保类板报、编撰环保类报纸、发行环保类刊物、开办环保类网站、开设环保类校园广播、制作环保类视频、在校园公众号上推送环保类文章的形式,广泛宣传我国生态文明建设和环境保护等方面的相关内容,使生态文明教育工作真正深入到每个大学生的心中,从而达到实现我国经济社会可持续发展总体目标的宏伟愿望。

二、大学生生态文明教育的方法途径

党的十九大报告中指出:"加快生态文明体制改革,建设美丽中国。"其中习近平总书记着重阐述了人与自然的生命共同体关系,在建设现代化丰富人们所需物质财富和精神财富的同时,也要注重提升人们对于优质生态环境的向往与需求。而要实现这一要求则必须做到坚持"节约优先、保护优先、自然恢复为主"的方针政策,使大自然恢复以往的美丽、宁静、和谐。① 倡导大家要做到绿色发展,生活方式趋向适度和低碳,消费理念方面禁止奢侈浪费现象;加大力度解决环境污染问题,杜绝大气污染、水污染、土壤污染、农业产品污染、废弃物和垃圾污染等主要环境污染现象;促进生态系统向良性方面发展,对于重要生态系统进行保护及修复,如开展土地绿化、加强林区保护等措施,形成多元化生态补偿机制。

针对十九大报告中提出的关于生态文明建设的具体实施办法,如何有效且坚定不移地贯彻执行,成为能否有效改善我国生态环境问题的关键因素之一。首先我们要形成统一的认识,进一步发展为内心的意识,最终得以升华为观念。因此,加强与健全生态文明教育是改变人们对生态保护认知,从而改善我国生态环境的主要途径。

大学生作为相对地位较特殊的社会群体,在社会发展中起到主导作用。大学生生态文明观念的形成,可以直接影响到加强生态文明建设这一重大决策的发展趋势。因此,我们在高等教育过程中加入生态文明教育内容,并且寻求有效的大学生生态文明教育方法途径,以解决现有大学生生态文明教育存在的问题,从而

① 习近平. 决胜全面建成小康社会 夺取新时代中国特色社会主义伟大胜利——在中国共产党第十九次全国代表大会上的报告[M]. 北京:人民出版社,2017.

为改善日益严峻的生态环境培养出可以承担重任的主力军。

（一）形成"四位一体"教育合力，推进大学生生态文明建设

加快大学生生态文明教育成效的关键在于能否形成有效的合力。即在大学生生态文明教育过程中将涉及多种教育主体参与其中，各教育主体间需科学定位且发挥有效的引导作用，相互配合及补充，将大学生生态文明教育作为共同参与的一项重要工程，最终形成有效的教育合力。在教育主体中社会团体、政府部门、高等院校以及家庭作为教育环节中的关键点，形成以高等院校教育为主导，社会团体、政府部门、家庭教育为辅助的"四位一体"教育合力，在大学生生态文明教育的整个过程及全部环节中产生影响，进而塑造以高等院校为中心，社会团体、政府部门、家庭互相协调配合的大学生生态文明教育体系。通过经济、行政、法律、教育等手段，使生态文明观教育贯穿到大学生的学习、生活、就业等各个环节和方面，从而实现大学生生态文明教育的有效性。

生态文明教育应作为高校大学生的一种全面性的终身教育来对待。通过政府部门、高等院校、社会团体及家庭等教育主体的影响将生态文明教育贯彻下去，使得大学生在步入社会之后不仅成为一名成功的"社会人"，而且还成为一名合格的"生态人"。[①]

1. 政府调整政策法规、营造良好生态文明教育外部环境

在大学生生态文明教育过程中，政府所起作用至关重要。生态文明教育良好广泛的开展可以为国家带来长久的"生态红利"。政府应发挥其特有的引导作用，促进生态文明建设的开展。因此，促使民众养成生态文明观念是当代政府应该承担的重要责任与义务。政府相关部门可以通过调整现存的政策及法规，为大学生生态文明教育的发展清除阻力并且提供强劲的助力。

---

① 段伟伟、焦嘉程. 当代大学生生态文明教育路径探析[J]. 江苏高教,2013 (06).

在具体调整实施阶段,可根据我国政府职能的范畴划分,采取如制定相关扶持政策、健全立法保障制度、增加资金扶持力度、寻求发达区域的合作和支持、加强政府公务人员的导向作用等手段,为大学生营造良好生态文明教育外部环境,提高生态文明教育的有效性。

在制定相关扶持政策方面,政府制定或调整有利于生态文明建设的各项政策,以此支持和鼓励调整人们的生产及生活方式,契合生态文明的需要。通过这些政策的制定与调整可以促使企业的生产方式由传统的粗放型向精密的集约型经济增长方式转变,逐渐取消替代如发展技术落后型、巨大消耗资源型、严重污染环境型等产业。反之应鼓励和支持,如节约低耗型、可持续发展型、土地集约型等产业发展。使得发展经济与保护环境相协调统一,物质发展与人类生活相适应融合。由于企业通过生产方式转型来适应生态文明发展模式,从而改变人才需求标准,进而更改高校对于大学生的培养方案,使人才培养模式向有利于继承生态文明方面转变。

在健全立法保障制度方面,通过立法为国家的政策规定有效的实施提供保障,因此需要健全保护生态环境相关法律法规,为大学生生态文明教育提供法律依据。近年来,国家对于生态保护的法律法规逐渐健全,例如:《中华人民共和国环境保护法》(2015年)第九条规定:教育行政部门、学校应当将环境保护知识纳入学校教育内容,培养学生的环境保护意识。此项法规的出台将对大学生生态文明教育的开展提供有力的支持。但现存的法律法规还无法满足要求,尽快出台针对生态文明教育的详细法律规定,成为当代我国就生态文明教育方面法制化的迫切需求。此外,党的十九大报告中着重强调了依法治国的重要性,在这一背景下法制成为高校进行大学生生态文明教育的重要依据。各级政府通过制定针对生态文明的相应法律规定,约束大家严格遵照法律条款规定办事,反之违反者将受到相应惩罚,从而使人们的行为变得规范,并形成良好的习惯。

在增加资金扶持力度方面,为加速大学生生态文明教育发展速度,政府可以采取增加专项课题申报、放宽课题立项审批以及加大课题研究经费投入等政策手段,面向大学生态文明教育相关课题的研究予以倾斜,使其探索出有效的研究成果,进行积极的实施推广。

在寻求发达区域合作和支持方面,由于可持续发展成为当今世界各国共同认可的发展模式,即要求世界各国通过精诚合作、万众一心共同谋求全人类营造良好的生存发展环境。为此,各国政府积极协商、合作签订了保护生态环境和可持续发展等内容的国际公约,如《保护臭氧层维也纳公约》《里约环境与发展宣言》《关于消耗臭氧层物质的蒙特利尔议定书》《联合国气候变化框架公约》等等。我国改革开放以来,随着经济迅速发展的同时,也换来生态环境被严重的破坏。近年来我国政府已意识到生态问题所带来的弊端,正积极导向经济产业转型及开展生态文明教育,并向发达国家寻求合作与经验借鉴,将我国生态文明建设推向新的高度,从侧面也将对我国大学生生态文明教育产生深远的影响。因此,政府对于大学生生态文明的教育愈发重视,组织专家学者面向大学生生态文明教育进行研究探索,但是由于起步较晚,还处于初级探索阶段,需要向生态文明开展较好的发达国家和地区寻求合作与支持,以加快我国生态文明建设的步伐,进而为我国大学生生态文明教育打下坚实的基础。

在加强政府公务人员的导向作用方面,由于政府公务人员在人民群众中往往起到"带头人"的作用,因此需要各级政府公务人员形成生态文明意识,从而带动当地群众整体生态文明水平的提升。现今许多地方政府公务人员没有起到良好的生态导向作用,为了所谓的"政绩",只在乎 GDP 的多少,而不顾当地可持续发展带来的长久利益,从而忽视民众的真正需求。将其管辖的地区造成大面积污染,空气、水、土壤被严重破坏,生态平衡被打破。因此,政府公务人员须树立良好的生态文明观念,在人民群众中起到良好的导向作用,做到"为官一任,造福一方",那么民众的生态文明热情也必然会普遍高涨,从而营造良好的生态文明教育氛围,大学生生态文明教育必定会受其影响产生良性效应。

2. 全社会搭建生态文明建设平台、开辟生态文明教育"第二"课堂

社会作为一个提供给人们互相交流和处理各种各样关系的大平台,它的任何"言行举止、波动导向",都会对每个公民的思想观念产生深远的影响。虽然高校作为培养大学生生态文明的主战场,起到关键性作用,但也不能忽视社会这一平台对其良性影响所产生的助力。因此,一方面全社会各领域应通力协作,多方面多角度地加强生态文明建设,共同打造健康的社会生态文明环境,搭建生态文明建设平台,进而促进我国大学生生态文明教育的发展。另一方面高校应积极寻求社会各有关团体的合作,为大学生提供走出校园,亲身参与生态文明建设的实践机会。生态文明实践活动犹如为大学生开设的校外课堂,大学生通过"第二"课堂的学习,加强了自身对于生态文明的理解并更加坚定了生态文明建设的决心,从而提高大学生生态文明教育成效。根据现代社会的特点结合生态文明教育的要求,集全社会之力主要从以下两方面入手配合大学生生态文明教育的开展:

第一,打造健康的社会生态文明环境。全社会应号召团体及个人宣传和倡导人们对生态危机问题的重视,从我做起,从小事做起,参与到保护环境的活动中,为大学生走出校园步入社会,营造一个良好的生态文明教育外部环境。但是,在当今以市场经济建设为主导的发展浪潮中,人们对于社会价值的认知也表现出多种理解形式,其中一部分人只考虑自身的利益,为了取得经济效益做出了一些破坏生态环境的行为,并没有认识到由此而产生的严重后果。因此,为实现生态文明建设的目标,我们应当加强整个社会的生态文明教育。可以利用报纸、网络、电台等各种媒介,设置生态文明专题,为生态文明建设造势,例如:一方面,可以通过揭露一些破坏生态环境的典型事例,抨击有悖于生态文明的恶

劣行径；另一方面，以"美丽中国"为主题的专题片或公益广告等，①利用优美环境的视觉冲击给人们带来的幸福感受，对美好生活的向往，为全社会营造出爱护生态环境的良好风气，使大学生在走出校园后同样能受到生态文明教育的熏陶，进而为大学生生态文明教育塑造良好的外部课堂。

第二，培养社会生态文明实践之风。大学生生态文明教育实质是帮助大学生形成生态文明意识，全面提升大学生自身的道德素养。当前大学生生态文明教育往往局限于课堂生态文明理念的传授，而迫使学生们填鸭式被动接受生态概念，缺少直观上的认知与理解，没有将理论联系实践，最终无法达到预期的教育效果。因此，急需通过全社会搭建的生态文明建设平台，向大学生提供保护生态环境的实践机会。在整个生态文明社会实践过程中，除了能加强大学生对于生态环境保护的直观认知，还可以培养学生之间的团队协作能力、提升自身的沟通能力等等，有利于大学生综合能力的培养。通过社会实践还可以养成大学生从"生态文明"角度看待问题的习惯，形成强烈的社会责任感。此外，还可以鼓励学生参与有关生态文明方面课题的调研。通过抽样、综合、典型等多种调研方式，可以进一步提升大学生生态认识，培养大学生分析问题、解决问题的能力，形成对于生态文明方面研究的爱好和兴趣。生态文明教育既属于理论教育又属于实践教育。因此，大学生生态文明教育不仅要在校园中的"第一"课堂上进行，而且要通过社会实践环节建立"第二"课堂教育。引导大学生形成正确的生态文明观念和养成良好的生态文明素养仅靠校园内"第一"课堂学习也许可以实现，但要得到深化和提升，还必须依靠"理论联系实践""知行合一"的教育理念，通过安排学生参与社会实践活动，从而加强大学生生态文明教育教学的成效。反之，如果教育者对于生态文明教育实践性认识不足，则将抑制大学生对于生态文明问题思考的独立性和创造性，最终导致生态文

---

① 单良．大学生生态教育对策研究[D]．长春师范大学，2014．

明教育教学效果大幅下降。总之,大学生生态文明教育应步入社会且体验生活,将所学生态理论与社会实践相结合,使大学生在进行高校"第一"课堂概念教育的同时,加强社会"第二"课堂的实践教育,通过社会生态实践活动,培养生态意识,形成生态观念,明确生态价值,从而增强生态文明建设的使命感。

3. 高校统一认识将生态文明教育贯穿教育教学全过程

由于目前我国高校面向大学生开展生态文明教育刚刚起步,教育过程缺乏科学性和系统性,在教学过程中针对生态文明教育相关理念理解不足,对于生态文明教育方法和手段还没有做到深入的研究,因此,要求高校管理与教学部门统一认识、通力协作、齐抓共管,健全高校大学生生态文明教育理念、方法和手段。全面提升大学生生态文明教育成效,需要首先分析践行生态文明建设的根源所在,追根溯源主要是由于全球生态环境不断恶化,影响了人类正常的生活,造成了生态环境危机现象;人类为了保证生存质量,需减缓生态环境的恶化并不断加以改善,最终彻底解除生态危机,还人们一个美丽祥和的家园。但由于地理环境的多样性和世界各地区文化的差异性,国家之间的生态文明教育蕴含着不同的教育特点。在中国特色社会主义制度下,高校开展大学生生态文明教育必须以马克思主义为基础理论指导,深入贯彻习近平新时代中国特色社会主义思想为行动指南,从而探索符合社会主义意识形态特征、适应我国建设发展需要的大学生生态文明教育模式。因此,将我国大学生生态文明教育纳入高校思想政治教育范畴,依照高校思想政治教育课程的成型教育模式,结合其紧跟时代步伐不断发展创新的教育特征,进而明确我国大学生生态文明教育主导方向。

习近平总书记在 2016 年全国高校思想政治工作会议上强调:"把思想政治工作贯穿教育教学全过程开创我国高等教育事业发展新局面。高校思想政治工作关系高校培养什么样的人、如何培养人以及为谁培养人这个根本问题。要坚持把立德树人作为中心环节,把思想政治工作贯穿教育教学全过程,实现全程育人、全方位育人,努力开创我国高等教育事业发展新局面。其他各门课都要守好一段渠、种好责任田,使各类课程与思想政治理论课同向同行,形成协同效应。"①根据讲话精神,高校面向大学生开展的生态文明教育,不能仅靠思想政治理论课堂单一渠道,还需与其他学科之间相互渗透融合,使大学生能够在潜移默化中接受到生态文明教育,提高他们的生态道德素养,使他们为生态环境的可持续发展做贡献。利用多学科多角度开展生态文明教育,通过不断的灌输生态文明理念,使大学生在思想中产生保护生态环境的意识,促使大学生能够自觉投入抵制破坏环境保护的活动中。研究高校各学科与生态文明教育有关内容的交叉内容,作为切入点在各课堂上作为教学重点,结合各学科课程自身的教学特点,将生态文明教育教学内容引入各学科课程的教学之中,使生态文明理念映射到大学生所学全部课程中,加强大学生自身的诠释与理解。例如:在课堂教学中,可以插入生态伦理学、生态哲学、中国传统文化理论的相关教学内容,培养大学生用哲学的观点来诠释人与大自然的关系,用平等的视角对待各种生命体,让其意识到地球上所有生命体应享受同等的权益,如果生态系统的平衡遭到破坏,将会对人类带来重大的灾难。此外,还可以选读一些关于西方发达国家如何治理和维护生态环境,形成的理论、思想及观念方面内容,使大学生了解我国与世界先进国家生态文明建设进程的差距,以此激发大学生学习动力;②总之,高校无论行政管理者还是作为身处第一战场的广大教师都应统一认识,将生态文明教育贯穿整个教育教学全过程,从而增强大学生生态文明教育的实效性。

4. 家庭发挥基础教育优势、配合生态文明开展

家庭教育作为人生教育的起点和基础,是在人一生之中产生

---

① 习近平同志在全国高校思想政治工作会议上讲话[R].2016.
② 单良.大学生生态教育对策研究[D].长春师范大学,2014.

影响最深的一段教育经历。往往家长作为家庭教育的主导者,是孩子的第一任老师。父母通过言传身教的教育形式,传授给子女他们所领悟的人生观和价值观等观念。子女在没有形成自己的认知之前会借鉴父母对待事物的观念,变为自己暂时的态度和行为准则。家庭教育所起到作用及其效果,主要由其蕴含的特征决定,具体表现为:第一,每个人所处的家庭环境各自不同,父母对于世间万物的理解也不尽相同,因此家庭教育具有差异性;第二,家庭是每个人所停留时间最久的场所,因此家庭教育具有连续性;第三,作为家庭教育主体的父母和客体的子女之间,存在"父母疼爱孩子,孩子信赖父母"的血缘和情感关系,因此家庭教育还具有权威性。因此,家庭教育对每个人的成长具有举足轻重的作用,意义深远。

根据人的成长特点和所需经历的教育历程,家庭教育既是学校教育的基础与保障,又是学校教育的补充与延伸。家庭教育的影响往往伴随人的一生,其中包括人生最重要学习阶段,即在高校中的学习,高校阶段的学习是形成自身"三观"的重要时期。高校在开展生态文明教育的同时,可以利用家庭教育的优势,在潜移默化中改变大学生的生态文明观念与行为活动。尽管大学生在学校学习的时间较长,但父母与子女长期生活的经历决定了父母对其性格、行为习惯等比较了解和熟悉,能有针对性地抓住学生的教育切入点,进而发挥家庭教育基础优势配合生态文明教育的开展,成为高校推行大学生生态文明教育的有效助力。高校教育主要是系统化地灌输生态文明理论知识,而家庭教育则是促使大学生萌生生态文明情感及养成生态文明行为习惯,例如:在培养生态文明情感方面,父母要培养孩子热爱大自然,激发他们对于生态环境保护的热情。父母应促进子女对于审美的认知,多创造与孩子走进大自然的机会,使他们设身处地地感知大自然的"美",并形成需要我们大家共同维护这种"美"的观念。父母还可以在家中种植一些花草、圈养一些小动物,在养育的过程中要求孩子参与其中,从而培养孩子对于生命情感的理解。另外,父母可以教育子女养成良好的生态文明习惯,父母可以帮助子女形成节约意识,在日常生活中提倡勤俭节约,杜绝铺张浪费。

为了提高家庭生态文明教育的质量,从而进一步加快大学生生态文明教育步伐,作为家庭教育主体的父母,在开展家庭教育模式的过程中应做到以下几点:首先,父母应做到"以身作则",父母自身要不断提升生态文明素养,提高生态道德意识,以自身思想与行为影响孩子的生态文明观念。其次,父母应做到"加强沟通",父母通过与子女沟通第一时间掌握孩子的思想动态,对于孩子的一些不符合生态文明的思想和行为予以制止和纠正。最后,父母应构建"和谐家庭",父母应努力营造和谐家庭氛围,使孩子在一个良好的生活环境下成长,有利于形成良好的生态文明行为习惯。[①]

(二)创新大学生生态文明教育模式契合新时代要求

由于我国高校对于大学生生态文明教育重视力度不够,致使大学生生态文明教育存在教学内容陈旧、教育理念落后、教育方法单一等不利因素。而国家在党和政府重要会议上多次强调"要加快生态文明建设,全面实现小康社会奋斗目标"。因此,现有的大学生生态文明教育模式已经不适应当前社会发展需要,应结合现实加以改善和提高。首先,高校要提高认识,要像重视"思想政治理论课"一样,使先进的生态文明教育理念写进教材并走进课堂,进而扎根进大学生的脑海之中,使大学生最终形成生态文明观念。其次,高校还应积极开展针对大学生生态文明教育的理论研究,借鉴国外先进生态文明研究成果并结合新时代具有中国特色社会主义思想,探索构建一套符合我国生态文明建设需要的大学生生态文明教育新模式,从而提升我国大学生生态文明教育的成效。

---

① 王荣. 大学生生态道德教育存在的问题及对策[D]. 华东师范大学,2014.

1. 培育大学生健康身心，塑造正确生态文明理念

在过去的一个多世纪，由于人类盲目且过度地使用资源，致使生态失调恶性发展，我们赖以生存的环境遭受到严重的破坏。为了应对并解决生态危机问题，人类进行了深刻的反思与变革，人类文明发展史上的新坐标——生态文明时代的开启，标志着人类发展观念的进步与成熟。推行生态文明建设是保持人类文明健康永续发展的重要手段，但生态文明建设是一个缓慢而又艰难的过程，让人们意识到了保护生态环境的重要性，我们幸福生活的筑就离不开宜人的生态环境。因此，我们要怀着感恩之心体会大自然给我们带来的一切美好。大学生是在社会中具有特殊地位的群体，是不可能作为独立个体存在的，他们的成长必然与外界环境存在密切的联系。总之，外界生态环境对大学生的身心健康成长提供巨大的助力，同样要求大学生树立正确的世界观、人生观、价值观，并以实际行动回馈大自然的帮助，保护生态环境，杜绝不良行为，构建和谐世界。但是，健康的身心并非自然形成，它需要以家庭和学校为主的社会各界通过不断的教育与宣传，帮助大学生感受世间万物美好的一面，通过久而久之的积淀蜕变成为一种生态文明理念，进而这种生态文明理念会指引大学生实施生态文明行为。因此，大学生能否成功塑造健康的身心，成为大学生能否实现全面发展，进而成为生态文明建设理念能否在大学生中取得教育实效的关键。心理学家们通过研究发现，如果一个人的具有非健康的身心且呈现病态及障碍特征，则会表现出内疚、冷漠、自闭等性格，从而成为道德缺失、情感缺失的一个人，不利于生态文明教育的开展。[①] 于是，高校应把促进大学生身心健康教育内容融入生态文明教育体系之中，为大学生塑造正确的生态文明理念，将生态文明理念转化为大学生固定的思维意识和行为方式，进一步加强大学生面向生态文明建设的责任心和使命感。

---

① 段伟伟、焦嘉程．当代大学生生态文明教育路径探析[J]．江苏高教，2013 (06).

2. 注重主体差异性,突出大学生个体化教育方针

当前我国大部分高校仍沿用传统的教育理念,即"机械式教育"和"被动式教育",高校教育者将教育教学内容以"填鸭"的形式强硬地灌输给受教育者——大学生,而作为受教育者的大学生被动接收着大量对自我发展无用的信息,在整个过程中没有关注大学生的主体发展需求,从而极大地降低了教育的成效。因此,为了提高教育教学效果,我们应结合新时代的教育要求,寻求教育理念的变革与突破。大学生作为高校开展生态文明教育的主体对象,是明确教育理念及选择有效的教学方法、途径的主要依据。其中"注重主体差异性、突出大学生个体化"的教育方针是符合生态文明教育要求及特点,是开展生态文明教育的理念基础,即以教育对象大学生为中心,要求高校教育者充分考虑大学生的发展特点并结合其性格特征,制定有效合理的生态文明教育教学方法及途径,以此激发大学生的主观能动性,更好地接收并消化生态文明建设理念,从而实现大学生生态文明教育的目标。那么,如何借助我国大学生发展特点及性格特征来开展生态文明教育成为专家学者们研究的重点。其中有一部分学者认为,应注重大学生共性方面的培养,通过共性来衍生出个性。但这种观点忽视了大学生主体性的需求,误判了大学生作为社会特殊性群体的培养方式。在我国高校开展大学生生态文明教育,主旨是向大学生灌输正确的生态文明价值理念,但往往在教育目标及教学内容等方面欠缺合理性,例如:一方面,在开展生态文明教育时,不考虑大学生个体在性格、年龄、情感等外在因素方面的独特性,实行机械式统一的教育方式;另一方面,教学内容更新不及时,不能适应新时代的发展步伐,甚至针对大学生的教育内容与在受低层次教育时大同小异,无法体现大学生作为受高学历层次教育的基本特征;此外,在教学方法上比较单一,没有考虑到大学生正处于青年阶段的心理发展规律。这样的做法容易出现所倡导灌输的生态价值取向与一部分受教育主体特征相冲突的现象,影响了高校

对于大学生生态文明教育的全面开展。①

　　综上所述,高校为提高大学生生态文明教育的成效,必须推行"注重主体差异性、突出大学生个体化"的教育理念,即结合大学生的心理、性格、年龄发展阶段特征,对于相同的教育主题,根据大学生个体的认知发展阶段,选择与其相适应的教育方法和教学内容。此外,高校应加强培养大学生个体生态实践行为能力,通过生态实践活动,以此激发他们对生态文明概念的理解,提升处理保护生态环境的能力,使其能够做出正确而又理性的判断,进而形成自身独特的观点,促进大学生自我需求与生态文明观念的内在转化。

　　3. 扩展生态文明教育范畴,丰富大学生生态观念

　　当前在面向大学生开展生态文明教育时,大部分高校所采用的教材比较陈旧,其中所涉及的教育内容,主要是对于生态文明一些基本概念的一般性理论阐述,脱离了新时代对于大学生生态文明教育的发展方向。于是,要求高校须扩展大学生生态文明教育范畴,从单一的理论阐述向多领域的实践应用转变。例如,可以将法律法规、思想道德、科学技术等领域的内容融入大学生生态文明的教育教学之中,使理论与实践相结合形成全新的观念,作为实证教育内容充实到大学生生态文明的理论教学之中。在生态文明教育课堂上增加实证分析内容的教学,可以增强大学生对于生态文明建设的理解与信心,进而提升大学生生态文明教育教学的成效。

　　首先,将法律法规融入生态文明教学中,在全力倡导"法治社会"的今天,其已成为我国的一项基本国策。推行生态文明建设须借助"法治"的力量为其保驾护航,这也是加快建设生态文明的源动力之一。法律法规领域内容融入高校生态文明教育的范畴,可以促使大学生对国家制定的有关生态环境保护法规条例加深

---

①　温婧馨. 大学生生态文明教育初探[D]. 华北电力大学,2015.

理解，并会运用法治思维和法治方式来保护生态环境，阻止和惩治违背生态文明的行为。利用法律法规意识的形成是"依法治国"理念的体现，也是大学生生态文明教育的思想保障。

其次，将思想道德融入生态文明教学中，促使大学生达到保护生态环境的道德标准，思想道德融入生态文明教学中标志着大学生道德规范的建立，时时引导和约束着大学生的日常行为趋向于建设生态文明理念发展。思想道德融入生态文明教学中将指引大学生理清与他人及社会的利益关系，并倡导人与大自然的"和谐共生"理念；能够为大学生拓宽道德视野，从而引导大学生热爱美丽的大自然和享受幸福的美好生活。同时可以有效地消除大学生由当今物质社会所产生的"图享乐、重利益、为自己"等不良思想。总之，思想道德融入生态文明教学中，进而形成生态思想道德观是高校生态文明教育体系的重要一环。

此外，将科学技术融入生态文明教学中，通过科学技术不断创新与发展，其科技成果可以为人们认识并改造世界提供新的世界观和方法论。因此，为了加快我国生态文明建设的步伐，则需要依靠科学技术产出相关成果的有力支持，将成为我国生态文明建设最终完成高度的决定性力量。科学技术融入生态文明教学中，可以引导大学生认识到依靠科技成果的运用为生态文明建设带来的变革，促使一些相关专业的大学生积极投入生态方面科技成果的掌握与研发当中，促进生态文明建设的加速发展。科学技术融入生态文明教学中便于大学生对于人与自然及社会之间关系的重新定位与思考，科学技术可以作为打造"人、自然、社会"的和谐整体的桥梁，将生态文明理念融入科学技术发展之中，以解决社会发展与生态保护之间矛盾为主要目标。高校作为科学技术发展的摇篮，应促使大学生及早形成科技生态观念，确保培养的相关专业人才具备可持续发展理念，从而其在今后的科技创新和研发中均以可持续发展作为首要目标。因此，科学技术融入生态文明教学中能够帮助高校明确生态文明教育人才培养方向。综上所述，扩展生态文明教育范畴，丰富大学生生态观念，有利于大学生生态文明教育的发展。①

4. 加强教育队伍生态文明综合素质的建设

教师作为大学生生态文明教育的主体,在高校推行大学生生态文明过程中起到主导性的作用。由于教师在生态文明教学过程中逐渐会成为大学生学习生态文明知识的传播者、掌握保护生态环境能力的塑造者、养成生态文明行为习惯的领路人,因此,教师的生态知识储备、生态素养的高低、生态环保能力的强弱,都对大学生生态文明教育成果存在着直接的影响。加强高校生态文明教育队伍的综合素质是培养高质量生态文明人才的重要途径。

通过当前高校生态文明师资队伍现状来看,现有生态文明教育教师综合素质偏低,无法满足新时期生态文明教育的要求,严重阻碍了高校生态文明教育的发展。因此,高校急需调整生态文明师资队伍以及提升教学能力,从而提升大学生生态文明教学质量,结合现有教师教育特征主要须从以下几方面着手调整:首先,对于现有师资,定时组织任课教师参加有关生态文明建设方面的培训或研讨会,使教师能够及时掌握最新信息,更新教学内容,借鉴先进教学方法,实现与时俱进。其次,对于引进的新教师,执行"高标准、严要求"的用人原则,重点考查教师所掌握生态文明知识的程度以及自身蕴含的生态文明素养等方面的情况。并且在考查期间,还要通过实践授课过程,衡量其开展生态文明教育教学的实际水平,如发现不适宜的情况,需要及时调整。此外,高校需按照科学的方法调整生态文明教师队伍结构,按照年龄、性别、学历及专业等因素,按照科学的比例进行合理优化调整,从而提升生态文明教师队伍的"战斗力"。另外,高校可以启动教师教学质量评价机制,将评价结果纳入年底考核或职称评定之中,迫使教师产生紧迫性和危机感,促使其全身心地投入到生态文明的教学工作中。② 总之,通过几方面的调整,可以有效地提升生态文明

---

① 温婧馨. 大学生生态文明教育初探[D]. 华北电力大学,2015.
② 王荣. 大学生生态道德教育存在的问题及对策[D]. 华东师范大学,2014.

任课教师的综合素质,使其在授课时能激发大学生的学习动力,增加大学生的生态知识含量,加深大学生的生态情感,坚定大学生的生态信念,最终养成良好的生态文明行为习惯。

(三)利用"多元化"辅助手段增强生态文明教育的生机和活力

加快与提升高校生态文明教育步伐和成效,不仅依靠创新教育教学模式,生态文明软硬件环境的搭建也起到关键性的作用。而通过外部环境与教学模式的在生态文明教育中的合理应用和有序组合,可以建立一套完整的大学生生态文明教育体系,以增强大学生生态文明教育的成效。营造生态文明软硬件环境,可以增强大学生对于生态文明教育的生机和活力,使大学生生态文明教育得以有效地开展。例如,通过打造绿色生态校园环境,使大学生感受绿色生态文化气息,以陶冶情操、加强修养;可以健全校园生态文明管理制度,用制度约束行为,帮助大学生养成良好的生态行为习惯。另外,高校增加与社会外界的联系,为大学生创造生态文明实践机会,鼓励大学生投身社会实践当中,帮助大学生将生态文明意识转化为生态文明实践能力,同时形成道德责任感;此外,还可以利用现代化多媒体媒介,开展与大学生生态文明教育相关且具有直观性、趣味性、实时性的研讨和宣传活动。多媒体媒介开展的活动可以包含建立生态文明主体网站、微信、QQ等聊天工具时时宣传和讨论生态文明相关内容。[①] 总之,通过利用"多元化"手段来进一步增强大学生对于生态文明教育的学习热情。

1. 打造绿色校园环境,感受生态人文理念

高校绿色校园环境建设可作为开展大学生生态文明教育的重要辅助手段。将大学生生态文明教育与高校硬件环境建设相结合,努力打造绿色校园环境,通过制定合理的校园整体规划,加

---

① 金国玉."美丽中国"语境下加强大学生生态道德教育的研究[D].北方民族大学,2014.

大绿色植被的覆盖率,健全各种环保设施等形式,使大学生在优美的生态校园环境中潜移默化地加深对于生态文明的理解。大学校园的基础应用设施生态化建设,为开展绿色校园文化提供物质基础。绿色校园环境为高校开展大学生生态文明教育营造一种无形的生态文明"气场",对大学生进一步凝聚生态文明观念起到催化剂的作用。个人的发展离不开社会这个外部环境,同样大学生在塑造品格、行为、观念时也免不了受外部环境对其的影响。打造绿色生态校园,就是为大学生形成生态道德素养时提供正面的外部环境影响。这个过程要求在每个环节或细节方面都要融入生态人文理念,以此来弘扬生态文化精髓,促使大学生不仅欣赏到校园的自然美丽环境,还应充分感受绿色文化积淀而形成的生态文明气息。绿色校园的打造虽是属于物质形态的建设,却能侧面映射出高等学校的精神文化层面,即人文精神体现。因此,打造绿色生态校园环境,不仅可以美化校园,更能深层次地净化心灵,有助于大学生构建人与人、社会、大自然和谐共生的生态文明理念。绿色生态校园具体建设内容包含在建筑设施上加入新型环保材料;在空旷处栽种各式各样的绿色植被;利用太阳能等低能耗技术运转水电供应;减少校园周边污染物排放等等。通过建设为大学生学习和生活营造一个"绿色生态空间",使大学生时刻都感受到"绿色、环保、生态、和谐"的氛围。绿色生态校园的建设所蕴含的生态人文理念,远远超越了所产生的外部环境效益,成为提升大学生生态文明情感和养成保护环境行为习惯的外部动力,使大学生在潜移默化间接受了生态文明的直观教育。

2. 建立绿色校园管理制度,养成生态文明习性

战国时期著名的思想家孟子认为:"不以规矩,不能成方圆",由此可以看出制度的重要性。快速有效地推进大学生生态文明教育不仅要将精力投入到教学质量、思想传播以及科学研究方面,还要注重生态文明管理制度的建立。通过建立绿色校园管理制度,可以使大学生杜绝不良的生态文明行为,促使大学生养成

生态文明习性。绿色校园管理制度应根据各高校实际情况来规范大学生生态文明行为和思想,从而以凝练大学生生态文明习性为目标,建立相应的校园管理体制。绿色校园管理制度作为强有力的执行手段,与高校生态文明教育相结合,可以从侧面提供助力,使大学生充分明确"勿以善小而不为,勿以恶小而为之"的道德标准,从而加深对于生态文明理念的诠释。绿色校园管理制度涉及具体建设应围绕以"节约、绿色、环保、尊重、友爱"等为核心理念,制定具体相关内容。例如:制定提倡节约用水、用电制度、保持校园环境卫生制度、保护绿化生态环境制度、日常操行评定制度以及禁止校园吸烟制度等等,有利于大学生生态文明习性的养成。① 同时,为了保障绿色校园管理制度顺利开展,高校应制定相应的措施和举措。首先,高校需建立相应匹配的奖惩措施。例如:面向在保护生态环境中取得突出成绩的个人或集体施以物质和精神奖励,反之对于刻意破坏生态环境的个人或集体施以一定的警告和处罚;其次,高校应设置大学生自身参与管理举措。例如:按照学年专业班级为单位,大学生亲身参与校园环境的清洁工作之中,并成立清洁检查小组,对其工作成效进行评定,实行加扣分评比制度,最终由学校出面对于高分个人或集体予以奖励,低分个人或集体施以惩罚。通过自身参与环保劳动过程,有利于大学生进一步明确维护生态环境的重要意义,并促使一部分自身养成不良生态文明行为的大学生进行自省,进而转变思维与习惯,向健康的生态文明习性过渡。总之,通过绿色校园管理制度的开展并结合高校相应的配套措施,形成有助于大学生生态文明教育开展的管理制度体系,从而高校教育者和管理者可以按照具体的制度内容,约束并规范高校大学生的日常思想和行为,进而大学生在教育教学和管理制度的双重作用下,严格要求自己,不断完善和提升自己的言行,使之更加契合生态文明的行事标准。

---

① 单良. 大学生生态教育对策研究[D]. 长春师范大学,2014.

3. 组织绿色实践活动,提升生态保护能力

加强大学生生态文明教育的成效,不仅要依靠教师在课堂上传授关于生态文明方面的知识,还应结合生态文明实践活动增强保护生态环境的能力。因此,高校开展大学生生生态文明教育时应采取课堂传授与校外实践相结合形式,使理论与实践相互转化、知行合一,从而满足教育的实效性目标。高校须加强与社会各界的合作,营造社会生态实践机会,引导大学生走出校园,积极参与到社会实践活动之中。根据国外形成的先进实践教学经验并结合我国社会体系特征,可以采用加入保护生态志愿者、参与地区生态环境调研等形式,开展大学生生态文明教育活动:

第一,参加保护生态志愿者活动,大学生参加生态文明志愿者实践活动主要是指以在不索取任何物质回报的形式,为改善并保护生态环境,增长生态保护能力而亲身参与的服务工作。例如:可以组织大学生保护生态志愿者到动植物公园以及滨江湿地等生态场所,参与清理垃圾优化动植物生长环境;或者到居民集中居住社区设立环保宣传站,发放及宣讲生态保护相关材料;再者可以组织生态文明监督服务队,到城市的主要街道监督并制止不文明行为等生态实践活动。参与这种形式的活动可以培养大学生的奉献精神,促使自身所蕴含的生态道德理念得以升华,进而实现生态文明教育的目标。在提高自身综合能力水平的同时,也用实际行动感染周边众人,促进生态文明建设的全面发展。此外,大学生参加保护生态志愿者活动也可作为高校开展生态文明教育教学手段的重要补充,有助于大学生对于课堂教学所传授生态概念的理解与贯通。因此,大学生参加保护生态志愿者活动的开展应是系统性的并且长期性的。从目前已开展的保护生态志愿者活动来看,高校将其与大学生的课外作业、课程实习等形式开展,而我国大部分高校仍没有开设专门的生态文明教育实践课程。有专家学者通过对一部分高校的调研结果发现,仅有不到30％的大学生表示参加过生态文明教育实践类似活动;另外,在

调研中只有一半左右的大学生表示愿意尝试参与生态文明教育实践活动;当被问及所在大学是否组织过类似活动时,有不到10%的学生表示组织过但次数很少。通过调研得出的数据表明:我国高校在面向大学生开展生态文明实践志愿服务活动欠缺积极性,对其没有足够的重视,没有认识到实践活动对大学生生态文明教育所产生的意义。[①] 通过大学生参加保护生态志愿者活动的开展可以坚定大学生的志愿者服务理念和锻炼自身组织协调以及动手等方面的能力。首先,坚定大学生的志愿者服务理念是开展生态实践活动的基础和保持持久性的前提。其次,通过实践活动,可以激发大学生的创造力,提升他们对生态文明教育的兴趣和热情。在活动中组织协调以及动手能力的培养是大学生开展生态实践活动的难点,对于大学生自身所具有的综合素质存在着较高的要求。例如,对于活动地点、方式、器具的选择以及安全因素的综合考虑等等。

第二,参与地区生态环境调研。大学生参与地区生态环境调研实践是指大学生通过走出校园,深入大自然的生态环境之中,以调研的方式收集、掌握地区生态环境的现状,为下一步制定保护措施打下基础。在活动中潜移默化地对大学生开展了体验式教育和环境教育。地区生态环境调研实践一般是以与他人走访某一地域生态环境为主要形式的行为活动,注重大学生的个人体验。开展地区生态环境调研实践活动与生态文明教育课堂教学内容形成有效的互补。大学生生态文明教育如果仍坚持传统的课堂填鸭式教学模式,那么高校开展大学生生态文明教育无异于闭门造车,不利于大学生生态文明教育的发展,且严重影响了生态文明教育的效果。目前,我国高校开展地区生态环境调研实践活动还处于探索阶段,存在多方面的不足。例如:一些国内高校在进行地区生态环境调研实践活动时多选择景色优美的风景旅游区,学生们多以游山玩水为主,缺少对于周边区域整体生态环

---

① 范梦. 思想政治教育视野下大学生生态文明教育研究[D]. 中国矿业大学, 2017.

境的取证调查,从而失去了活动的原本意义,没有达到教育目的。而在西方发达国家在开展地区生态环境调研实践活动方面起步较早,形成了科学的实践模式,值得我国高校借鉴学习。例如:在开展地区生态环境调研实践活动过程中,组织学生真正深入到原始的自然环境之中,与大自然零距离接触,切身体会大自然的美好,形成自觉保护环境的生态文明意识。

总之,无论是加入保护生态志愿者还是参与地区生态环境调研,或者其他生态实践形式的实施和开展,都需要契合大学生生态文明教育这一主题。通过实践活动对于大学生的生态保护能力是一个有效的提升,对于大学生生态文明教育形成了一个有效的手段。

4. 利用多媒体媒介,丰富生态文明教育途径

多媒体媒介是指在利用多媒体技术进行数据传输的过程中,用以扩大并延伸数据信息的传送工具。多媒体媒介具有方便应用、传播速度快、更新信息及时、覆盖面广等特征。新时代的多媒体媒介作为人们获取信息主要的方式,意味着利用其具有特征推行生态文明建设,有助于得到社会各界大范围的认知。通过多媒体媒介信息的传播,人们可以第一时间了解生态文明建设的发展现状及存在的困难与问题。总之,生态文明建设作为全世界倡导的工程,在多媒体媒介发布的信息访问量来看,已得到全社会的广泛关注。因此,对于大学生生态文明教育的开展创造了良好的舆论基础。通过多媒体媒介可以发布时时、大量、精准的生态文明信息,进而将其渗透进高校,使在校大学生在潜移默化间受到思维方面的影响。而且利用多媒体媒介传播速度快和更新信息及时的特点,让大学生能够时时了解到生态文明相关资讯。其中网络媒体作为多媒体媒介在新时代的代表,成为人们在当今进行信息发布和交流的主要工具,随着网络技术功能的进一步加强,大学生对互联网多媒体功能的依赖越加强烈,网络媒介成为能够对大学生的思想和行为进行教育的辅助工具,因此,通过网络媒

介相关功能开展大学生生态文明教育是高校的必然选择。

　　当然,利用多媒体媒介作为工具进行信息传递时,所产生的作用及影响也会有其两面性,发布的信息内容不完全能产生正面、积极的效果,还有可能产生负面、消极的影响。例如:某些西方发达国家通过多媒体媒介进行文化侵略,从而达到西化和分化我国的目的。因此,我们政府相关部门及社会有关媒体机构应加强监管和引导,促使多媒体媒介发挥其正面的作用。[①] 我们要保证多媒体媒介在大学生生态文明教育过程中起到正确导向作用,为大学生生态文明教育提供持久的积极影响。应通过多媒体媒介宣传党和国家对于生态文明建设的政策、方针、口号;宣传西方发达国家的先进生态文明思想与理念等信息。此外,通过多媒体媒介还可以针对严重破坏生态环境的个人及行为进行曝光披露,从而达到加强社会生态文明监督机制的目的。

　　总之,我们应利用多媒体媒介的影响加强有关生态环境问题的专题报道,以激发当代大学生的生态环保热情。同时加强生态文明的宣传力度,促使大学生形成生态文明观念。我们要把生态文明教育渗透进各类多媒体媒介之中,利用其强大的信息传递功能,为大学生生态文明教育提供有效的助力。

---

　　① 邓艳梅.“美丽中国”视野下大学生生态文明教育研究[D].西南石油大学,2014.

第六章　大学生生态文明教育的科学管理

大学生生态文明教育作为高校思想政治教育工作的重要组成部分,其教育原则和理念的发挥、教育内容和途径的实现,都离不开大学生生态文明教育科学管理工作的保证作用。大学生生态文明教育的科学管理工作,不仅是对高校有关生态文明教育的教育计划和教育活动的管理,更为重要的是对从事此项教育的师资队伍的管理。因此,积极探索大学生生态文明教育管理的目标、方法,研究现代大学生生态文明教育的队伍管理、管理模式以及未来管理的新发展,对于高校今后进一步完善管理育人工作、提高教育质量、调动教师的积极性和创造性、解决教育教学工作中的矛盾和问题,完善大学生生态文明教育管理的理论都具有重要的理论和现实意义。

一、大学生生态文明教育管理的目标

制定规范合理的大学生生态文明教育管理目标有助于高校教育管理者在大学生生态文明教育过程中,采取科学规范的管理措施开展教育工作,进而达到生态文明教育的预期效果。大学生生态文明教育管理目标的主要内容具体体现在规范化管理、制度化管理以及有效性管理三个方面。

(一)规范化管理

规范化管理是指大学生生态文明教育这一系统工程对从事这一领域教育的管理工作者提出的整体性的规范性要求。它要求高校在开展大学生生态文明教育工作过程中,要具有规章明确、原则性强、操作性强、体系健全、机制协调、运行有序等基本特征。① 也就是说,在进行大学生生态文明教育管理的过程中要照章办事,确保决策、制度、程序的客观标准,教师以及管理人员遵循科学规范的程序,协调有序地开展工作。

1. 大学生生态文明教育管理计划的规范化

计划是将覆盖了一定时间跨度的目标以书面的形式表达出来为组织成员所共享,同时为达成这一目标对全过程进行系统、全面、合理的分析,并进一步提出实现这一目标的具体行动方案,即组织管理者明确规定了通过什么途径促使组织和组织成员实现其希望达到的目的。② 计划在管理的过程中,优先于其他管理职能,并贯穿于整个教育教学的组织、实施与管理的全过程。管理计划不仅为管理实施者提供了奋斗目标和努力方向,还为教育教学和管理队伍提供了工作的标准。因此,在制定大学生生态文明教育管理计划时,制定者务必从宏观性与微观性、现实性与探索性、实用性与合理性的角度出发,充分考虑大学生生态文明教育的发展状况、远景目标,积极弘扬终身学习、理论与实践相结合的理念,结合大学生和高校的实际来制定规范合理的教育管理计划。例如:美国在环境教育法实施后,为了有效地推动环境教育的有序发展,就相继推出了一系列规范合理的环境教育发展计划:《环境经验学习计划》(ES)、美国《国家环境教育发展计划》、《环境教育和培训计划》、《为了环境教育的卓越性之全美计划》,美国的环境计划不仅分阶段、分专题、大纲突出,而且内容集综合性和多样性于一体,为美国的环境教育提供了足够的、强有力的保障,也为我国开展大学生生态文明教育管理工作提供了重要的参考依据。

---

① 张耀灿、郑永廷、吴潜涛、骆郁廷等. 现代思想政治教育学[M]. 北京:人民出版社,2006.

② (美)史蒂芬·P. 罗宾斯、玛丽·库尔特. 管理学[M]. 孙健敏等译. 北京:中国人民大学出版社,2008.

2. 大学生生态文明教育管理决策的规范化

决策即决定策略或办法,是指人们在认识世界、改造世界的实践中,为了实现预期目标而进行行为选择的活动。[①] 大学生生态文明教育管理决策,是指对实现大学生生态文明教育目标而提出的若干可行性方案进行比较,从中选取最优方案并组织相关部门和人员实施完成的过程。大学生生态文明教育管理决策直接影响着高校生态文明教育改革与发展的目标与方向。一般情况下,教育管理决策的正确与否,直接取决于管理人员在决策过程中所依据的原则和方法。大学生生态文明教育管理决策可遵循目的性原则、系统性原则、联系性原则、预见性原则以及可调性原则,在决策过程中,当某一方案被选定并付诸实施后,可以照上述某一或某几个原则,做出有效的决策判断。同时,在大学生生态文明教育管理决策的过程中还可以采取专家研讨法、集体磋商法、经验判断法、系统分析法、试点法等方法做出全面、客观的管理决策。采取科学、规范的大学生生态文明管理决策有助于提出民主化的决策、做出科学的判断,同时科学的、规范化的固定步骤与程序,不仅可以节约决策方案的实践过程,也可以大大提升决策的科学性与正确性,有助于大学生生态文明教育管理工作的顺利开展。

3. 大学生生态文明教育师资队伍岗位职责的规范化

岗位职责是对大学生生态文明教育机构及其人员所担负的生态文明教育责任的规定。其中包括教育管理的任务、职权范围以及工作方式。[②] 确立明确的岗位职责,规范大学生生态文明教育师资队伍的岗位职责,可以使教育管理工作者明确任务、分明

---

① 张耀灿、郑永廷、吴潜涛、骆郁廷等 . 现代思想政治教育学[M]. 北京:人民出版社,2006.

② 陈万柏、张耀灿 . 思想政治教育学原理(第三版)[M]. 北京:高等教育出版社,2018.

职责,避免在工作中出现互相推诿、责任怠慢的现象。高校生态文明教育师资队伍岗位职责的规范化有助于加强生态文明教育的组织保障,高校党委作为组织保障的领导核心,应制定生态文明教育总体规划与实施计划,定期分析了解大学生生态文明教育的工作情况,并责成高校相关部门深入推进大学生生态文明教育工作,了解实施效果。同时,高校的各院系和各部门应根据自身专业和工作的需要,建立大学生生态文明教育工作联席会议制度,对本院和本部门的工作开展进行有效的领导和监督。在专任教师传授相关知识的基础上,还要动员各院系党总支书记和辅导员等学生工作人员,使他们重视大学生生态文明教育工作。从而把高校各层面、各部门的人力、物力、财力等有效资源卓有成效地组织和调动起来,实现高校自上而下岗位职责的规范化管理。

4. 大学生生态文明教育管理评估的规范化

教育活动本身不是大学生生态文明教育的最终目的,教育的最终目的是使大学生们形成良好的生态文明素养,培养生态文明观,养成爱护环境、保护生态的行为习惯。高校开展大学生生态文明教育过程中,在相关职能部门制定出规范化的管理计划和制度,采取了规范化的管理决策,并培养出规范化的师资队伍后,进行衡量是否达到了大学生生态文明教育管理的最终目的时,需要进行科学的评估,进而寻找之前教育管理工作中的优势与不足,为今后开展工作提供依据和支撑。因此,评估是高校大学生生态文明教育管理工作的最后一个环节。将大学生生态文明教育管理评估规范化,首先需要确立正确的大学生生态文明教育管理评估目的,这项工作对于促进高校开展有关大学生生态文明教育管理各个方面的工作提出了前进方向,发挥着指导作用,具有十分重要的意义。其次是编制有效的教育管理评估指标体系,从质和量上规定教育管理评估的内容和标准。规范化的教育管理评估指标体系可以使目标具体化,系统的、操作化、可测量的评估标准可以使目标可操作性落到实处,为开展大学生生态文明教育管理评估工作提供了主要依据,也是评估成功的关键。同时,规范化的教育管理评估体系,还将有助于处理好教育管理评估过程中常规评价与改革评价以及内部评价与外部评价的关系。从而实现促进大学生生态文明教育管理工作顺利开展的根本目的。

(二)制度化管理

制度化管理也是大学生生态文明教育管理科学化的一个重要标志。制度的"制"表示限制、节制,"度"则表示标准、尺度。这说明制度是用来节制人们行为的尺度,它也是高校管理活动正常进行所必须遵循的轨道。如果高校没有完善的制度,或高校的教育工作者不善于运用制度,高校的大学生生态文明教育管理工作就不会有好的效果。这是因为,大学生生态文明教育解决的是大学生对生态环境保护的思想认识问题,其主旨在于培养大学生的生态文明素养,树立科学的生态文明观,帮助大学生养成爱护环境保护环境的生活习惯,因此,教育管理操作难度较大。而大学生生态文明教育是否具有可操作性,从一定意义上说,取决于大学生生态文明教育管理的制度化。因而科学化的大学生生态文明教育管理必然要求在目标实施中,要把原则性的目标具体化为可以把握的规格或标准,并制定相应的考评指标体系,形成一套系统、完整的操作性强的制度。① 大学生生态文明教育管理的制度具体来说包括四个方面。

1. 教育制度

大学生生态文明教育的教育制度是指对日常生态文明教育活动内容及形式如政治理论学习、党团组织教育、班会教育、爱国主义教育、形势与政策教育、思想政治教育与法律基础教育、文明创建活动教育、校园文化活动教育、志愿服务活动教育、实践活动教育等方面的规定。这些普遍性、经常性的教育活动和形势,在

---

① 张耀灿、郑永廷、吴潜涛、骆郁廷等．现代思想政治教育学[M]．北京:人民出版社,2006.

活动开展的实践过程中逐步形成规章制度,使高校的教育管理人员和大学生们有章可循,为高校在日常教育管理中开展大学生生态文明教育提供了基本的依据,有助于大学生生态文明教育管理的规范化。

2. 管理制度

大学生生态文明教育管理制度包括大学生的日常生活管理、行为管理、课堂教育管理、网络教育管理、纪律管理等方面的制度和规定,还包括奖惩制度和评优制度。这些制度是大学生生态文明教育管理有效而重要的管理手段,对大学生生态文明教育管理相关制度的顺利进行以及帮助大学生形成良好的生态文明习惯、培养生态文明观具有非常重要的作用。例如:第一,通过实施日常生活管理的制度,帮助大学生培养垃圾分类、节约用水用电以及减少外卖带来的包装浪费等生活习惯;第二,通过行为管理制度,约束大学生破坏环境、浪费资源等不文明行为;第三,通过课堂教育管理制度,提升大学生学习生态文明课程学习效率;第四,通过网络教育管理制度,扩大对大学生生态文明教育的管理力度;第五,通过纪律管理制度,完善对大学生生态文明教育工作的奖励和惩罚措施,提高高校精神文明建设的水平,对先进个人和先进集体给予表彰鼓励,倡导生态环保的优良正气,对违反纪律和有关管理规定的行为给予处罚,可以起到震慑、警示的作用。

3. 工作制度

工作制度是对大学生生态文明教育机构和人员的常规工作和工作方式进行统一的规范要求,主要包括定期的会议制度、理论学习制度、工作流程制度、决策激励制度、考核评估制度等,各项工作制度是维护大学生生态文明教育管理工作顺利进行的制度保证。一方面,工作制度的执行能够提高大学生生态文明教育的实效性,一般来说,道德在大学生日常生活中的影响广泛,然而往往有些教育者是道德建设的违规者、逃避者、破坏者,道德规范在工作制度面前就显得软弱无力,因此我们需要运用一定的工作制度来树立其权威性。另一方面,工作制度对高校的教育者们还具有价值规范和引领功能,每一项教育工作的实施都必须有制度作为保障。有了制度各项工作才变得切实可行,才能保证我们倡导的大学生生态文明教育工作有效实施。

4. 行政法规制度

行政法规制度包括国家、地方以及高校三个层面。其中,国家性的制度是指由国家权力机关、国家行政机关或者其职能部门制定和颁布的,在全国范围有效的有关大学生生态文明教育的规范;地方性的大学生生态文明教育制度是指地方权力机关、地方行政机关或者其职能部门制定和颁布的、在本辖区有效的大学生生态文明教育规范。[①] 目前,这两项有关大学生生态文明教育内容的专项制度和法规还未出台,在其他法律法规中有所涉及,但还未深入细化。高校大学生生态文明教育的制度是指各个学校根据自身的情况做出的有关规定。当前,从国家层面还未出台一部统一的、规范的、全国性的大学生生态文明教育制度法规,各高校在制定此项制度法规时,都是依据自身院校的特点,侧重生态文明建设不同方面进行教育、制定规章。然而,在建设社会主义法治国家的进程中,大学生生态文明教育及其管理是应该朝着法制化方向发展的。尤其对涉及大学生生态文明教育的重大事项、重点措施、全局性问题等,如果有条件可以通过法律、行政法规形式确定下来,并及时列入全国或地方立法计划,并以全国性或地方性法规予以确定,从而为未来的大学生生态文明教育工作和管理工作提供法律依据和法制保障。

目前而言,我国高校大学生生态文明教育的制度建设还相当薄弱。如存在规章制度操作性不强、内容笼统泛化、执行力不强、不切实际等问题。根据大学生生态文明教育实践的需要,从人们

---

① 季海菊. 高校生态德育论[M]. 南京:东南大学出版社,2011.

的思想实际出发,遵循人的思想活动发展规律和思想政治教育规律,制定必要的行政法规、工作制度和工作规程、岗位职责,是大学生生态文明教育制度化、规范化的要求,是大学生生态文明教育规范管理的基础性工作也是亟待解决的问题。因此,制定并完善形式规范的大学生生态文明教育制度,严格按照制度办事,使大学生生态文明教育工作有序进行,对相应从事该项工作的教育工作者给予奖励和处罚,必定会提升大学生生态文明教育工作的效率,保障大学生生态文明教育目标的顺利实现。

（三）有效性管理

大学生生态文明教育管理能够对时代发展、实现我国可持续发展、高校拓展德育内容、提高大学生综合素质产生重大的影响和作用。从性质上看,这种影响和作用可以分为以下三种类型:第一种是有效性,即管理过程中出现了正面效应,也就是产生的积极效果;第二种是有害性,即管理为社会发展以及大学生思想带来的负面影响;第三种是无效性,即管理过程松散、流于形式,未对教育发挥任何作用。第一种有效性管理我们称之为成功的管理,而后两种管理我们称之为失败管理。成功的大学生生态文明教育管理应有效地促进我国的生态文明建设的发展,有利于大学生生态文明观的培育和生态文明素养的养成。我们在这里强调教育管理的有效性,也是在努力实现大学生生态文明教育管理的最终目标。现阶段,大学生生态文明教育管理的有效性突出表现为:

1. 大学生生态文明教育管理工作应有利于时代的发展

20世纪下半叶以来,我国经济在快速发展的同时,也带来了资源短缺和环境污染等问题,这些问题成为制约我国经济快速发展的突出问题。资源环境问题的出现,既是由于我国体制、机制等原因造成的,也受思想观念落后等原因的影响。大学生作为青年的代表,是未来国家建设和发展最重要的力量,他们的思想道德和政治觉悟，直接关系到社会主义现代化以及我国生态文明建设发展的重大问题。所以，适应新世纪人类生存形式——生态文明的时代要求，当代大学生应当加强生态文明教育，具备与时代相适应的观念。在一定意义上说，大学生生态文明观念的培养直接受益于高校中的教育。因此，加强大学生生态文明教育管理工作，帮助大学生用更加理性、系统、自觉的理论去指导实践，引导大学生放眼未来、放眼世界、理解生命、关爱生命，学会关心可能影响人类社会、整个自然界的深层次生态问题，使大学生认清自身在整个教育系统和社会系统中未来将要发挥的作用和主体地位，能够调动大学生的主体意识，激发大学生的潜能，为创建人与社会之间的和谐关系，促进社会的政治经济和文化发展，适应时代发展的要求做出重要的贡献。

2. 大学生生态文明教育管理工作应满足我国可持续发展的需要

长期以来，我国经济社会发展一直沿用高消耗和粗放型的经营发展模式：一方面，片面追求经济利益的增长，而忽视了社会的均衡发展；另一方面，过分强调个人的利益需要，而忽视了自然的存在，没有处理好个人与社会、个人与自然之间的关系，引发了生态环境的破坏，最终导致了资源枯竭、环境污染以及生态失衡等诸多影响社会经济可持续发展的重要问题。因此，倡导国家经济社会的可持续发展、坚持社会主义生态文明建设已成为我国当前乃至未来社会发展的必然选择。众所周知，实现社会经济发展关键的因素在人，因为人类是社会实践的执行者。而人类的行为是受自身观念所支配的，只有人们的观念转变了，才能落实到具体的行动当中，实现真正的社会发展。当代大学生具备与时代发展相适应的思想观念和能力水平。转变大学生的生态文明观念，使之适应我国可持续发展的需要，不仅关系到我国生态文明建设发展的进程，也关系到世界生态环境资源可持续发展的结果。高校开展大学生生态文明教育管理工作，一方面可以通过人力资源的开放与管理，促进大学生的全面发展，另一方面也可以帮助大学生树立主人翁的意识,增强大局意识、环保意识,学会正确地调整和处理未来国家生态文明建设以及可持续发展过程中的各项问题,帮助大学生未来在各自的本职岗位上充分发挥自身的积极性、主动性和创造性,建设美丽中国,实现中国梦。

3. 大学生生态文明教育管理工作应有利于促进大学生的全面发展

高校在培养高素质人才方面肩负重任,党和国家历来高度重视人才的培养。早在中华人民共和国成立初期,根据马克思主义关于人的全面发展学说,中国共产党确立了教育和人才发展目标:"教育必须为社会主义现代化建设服务,必须与生产劳动相结合,培养德、智、体等全面发展的社会主义建设者和接班人。"[①]这其中思想政治教育是居于首位的,同时强调受教育者的全面发展。当代大学生生活在中国特色社会主义的新时代,既要面临高新技术发展所带来的挑战,也要面临市场经济以及生态环境污染带来的冲击。按照马克思主义观点,人的全面发展实际是人的本质的实现和丰富,概括起来主要是人的社会关系、人的需求、人的能力和人的个性等方面自由而充分的发展。[②] 大学生生态文明教育是大学生全面发展的必然要求。在高校实施大学生生态文明教育管理工作过程中,大力培育大学生生态文明意识,提高大学生生态文明素养,使之在掌握扎实的生态文明知识和具备实践创新能力的基础上,还要不断充实完善自己,使大学生的生态文明责任感从自身利益延伸到人类未来发展的利益,把谋求自身价值和尊重自然价值结合起来,帮助大学生在教育管理的过程中,将自身的生态道德情感和认知都上升到更高的境界,才能完成培育大学生历久未现、面向未来的整体生态文明素质的重任。

---

① 季海菊. 高校生态德育论[M]. 南京:东南大学出版社,2011.
② 同上.

二、大学生生态文明教育的队伍管理

毛泽东曾经指出："政治路线确定之后,干部就是决定的因素。"①大学生生态文明教育的正确方针、科学决策以及教育教学的实施,必须依靠一支强有力的队伍支持。因此,国家各级教育部门都应高度重视大学生生态文明教育管理队伍建设,不断提高他们的生态文明素养和工作能力,建设一支政治过硬、高素质、纪律严的生态文明教育管理工作队伍,为我国建设中国特色社会主义提供有力支撑。

（一）专业化管理

大学生生态文明教育管理队伍的专业化主要定位于教育者的内在的深层素质管理,具体来说可以包含以下三个方面：

1. 丰富教师队伍的知识结构

目前,我国大部分高校还不具备稳定的、专业的、完善的大学生生态文明教育、科研、管理师资队伍,这项工作更多的是由学生进入大学前小学、中学、高中的班主任、生物、地理、政治等学科教师以及进入大学后高校的辅导员或社团教师兼任。同时,政府相关部门的工作人员以及政策制定人员也参与其中,他们大多缺乏生态文明专业知识以及有关生态文明教育方面的培训和实践经验。因此,建立一支对大学生生态文明教育管理工作具有浓厚兴趣、具备生态文明意识培育专业知识的高水平师资队伍和管理队伍,显得尤为迫切。

当前,大学生生态文明教育作为一门综合性、实践性很强的应用型学科,它要求从事大学生生态文明教育工作的每一位教育者和管理者,都应该通过学习和锻炼,掌握扎实的专业理论知识和广博的相关学科知识,达到较高的水平来教育指导学生。大学

---

① 毛泽东选集(第 2 卷)[M]. 北京:人民出版社,1991.

生生态文明教育与管理的师资队伍要具备扎实的专业理论知识。突出表现为具有扎实的马克思主义理论知识、教育学、伦理学、社会学、生态学、管理科学等相关理论知识以及有关生态文明的基础知识。例如：大学生态文明教育管理师资队伍的生态知识储备以及有关生态道德、生态忧患意识、环境保护责任意识、生态法治意识等方面的知识都属于生态文明的基础知识。为进一步提升我国大学生生态文明教育的质量，还必须针对高校从事生态文明教育管理工作的师资队伍，从思想上、理论上、行动上进行全面提高。第一，需要提升这部分教师的生态文明基本素质。第二，需要加强这部分教师的生态环境道德知识，使他们意识到地球不是人类的财产，而是所有地球上生物共有的家园。第三，帮助他们学习生态危机的相关知识，唤起更多教师的生态责任感。这是由于我国虽然是一个资源大国，资源种类繁多，总量丰富，但人均资源占有量不足，甚至低于世界平均水平，全球变暖、酸雨、河流污染、资源枯竭、雾霾天气频发等全球问题在我国也在大范围加剧，高校教育者具备深厚的生态危机意识，有利于在课堂上和日常管理中更进一步地影响和教育学生，唤起学生们的生态危机感和生态环保责任意识。第四，学习有关生态文明建设、环境保护的法律法规和相关文件，我国近年来制定了一批有关环境保护、生态文明建设的法律法规和相关文件，如《中华人民共和国环境保护法(修订)》《中华人民共和国大气污染防治法》《中华人民共和国环境影响评价法》《环境保护公众参与办法》《中华人民共和国水污染防治法》等，这些法律法规让广大人民群众在环境保护等方面有法可依。广大高校教师与管理工作者作为高级知识分子，更应知法、懂法、守法。

综上，高校的大学生生态文明教育管理工作者必须熟悉这些相关学科的知识，掌握专业知识，并将这些知识灵活运用于教育教学和日常管理过程中，必将有利于提高大学生生态文明教育者的业务能力和专业水平，为大学生生态文明教育工作保驾护航。同时，大学生生态文明教育管理师资队伍还要具备一定的相关学科知识。例如法学、历史学、语言学、文学、逻辑学、经济学、数学、统计学以及现代科学技术知识、电脑操作知识等等。对于这些学科的深入了解,有助于大学生生态文明教育工作的顺利开展。除此之外,作为大学生生态文明教育管理者还要具备一定的沟通能力、表达能力和组织能力,熟悉本单位有关组织、管理、实践业务方面的相关工作,做到既懂知识又懂业务,灵活运用知识,熟练掌握业务,开拓进取,不断创新,努力使大学生生态文明教育工作更具有针对性和实效性。

　　2. 培养管理队伍的工作能力

　　在经济全球化、世界多极化的背景下,国际国内竞争日趋激烈、市场需求千变万化,生态环境恶化、资源濒于枯竭、物种面临灭绝,每分每秒世界都在发生着变化,一个合格的大学生生态文明教育管理工作者为了实现及时有效的管理,就必须具备很强的综合分析能力、预见判断能力、问题决策能力、科研攻关能力以及运用现代化手段的操作能力。因此,专业化的大学生生态文明教育管理队伍不仅要有广博的知识结构,还必须具备相应的工作能力,大学生生态文明教育管理队伍的工作能力包括以下几个方面:

　　第一,具备科学合理的决策能力。大学生生态文明教育管理的决策工作,关系到高校大学生生态文明教育的方向,影响着大学生生态文明教育的效果,制约着大学生生态文明教育的全过程。科学化、合理化的决策流程可以分为八个步骤,其中决策的起点是确定问题和目标,问题和目标确定后,教育管理者必须广泛开展调查研究,可以通过采取调查研究、经验判断、智囊咨询、集体讨论四种方法有机结合的方式,搜集此项教育活动的相关信息,并对这些信息进行分析整理,进而确定决策标准,拟确定教育活动方案,同时再对每一个活动方案进行分析和评价,在分析和评价的过程中还要采取遵循客观性、系统性、民主性以及可行性的原则,确定最终的教育活动方案,然后实施方案,活动方案实施后,高校的教育管理者要评价决策的效果。以便更加清楚地认识和理解决策的执行情况,做出总结反馈,找出差距,发现问题,为今后的活动决策提供客观的依据。高校大学生生态文明教育管理工作人员的决策能力是在长期的工作活动中,经过不断的分析和总结,将理论与实践相结合,在实际工作中做出科学合理的决策,并得到师生一致认可和支持的过程中培养出来的。

第二,独立从事学术研究的科研能力。大学生生态文明教育工作管理者应具备独立从事科学研究的能力。这是因为大学生生态文明教育管理工作需要从事此项工作的教育和管理工作者在熟练掌握专业知识的基础上还要广泛学习其他专业知识,因此在日常的教学和工作中,教育者和管理工作者需要不断加强学习、参加进修培训,不仅在理论知识的层面开拓进取,还要在实践上善于开创新的局面。在总结教学管理中的经验和不足的基础上,通过学术研究提出新的观点和新的教学管理方法,取长补短,开拓创新。只有这样广大从事大学生生态文明教育管理工作的教育者才能够驾驭纷繁复杂的社会变化趋势,为大学生生态文明教育管理工作不断注入新的生机与活力。

第三,运用现代化手段的操作能力。21世纪是知识经济的时代,随着科学技术日新月异的迅猛发展,促使人类实践活动的规模、范围空前扩大,社会的复杂程度也日益明显。以信息技术、微电子技术、通信技术、人工智能技术、生物技术、新材料技术、新能源技术和海洋开发技术等为标志的高技术群迅速发展,为大学生生态文明教育管理进入崭新的时代奠定了科学的物质基础。[①] 在将现代化手段运用于大学生生态文明教育管理工作的过程中,高校实现了办公手段的自动化。同时,在使用移动互联网的条件下,大学生生态文明教育进入了互动微交往的时代即借助新兴的移动互联网终端,利用微博、微信和微视频等互动载体,在网络虚

---

① 张耀灿、郑永廷、吴潜涛、骆郁廷等.现代思想政治教育学[M].北京:人民出版社,2006.

拟平台和空间里实现人与人之间信息传递和交流的交往方式。①
在这一互联网全新交往方式的带动下,拓宽了大学生生态文明教
育互动管理的新空间和覆盖面。增强了大学生生态环保思想意
识互动的交互性和共享性。更加推进了大学生生态文明教育管
理的生活化和隐形化。因此,在高科技时代,高校大学生生态文
明教育管理工作必将建立在实现工作环境网络化的基础上,高校
大学生生态文明教育管理工作者通过掌握和运用现代化手段的
操作能力,学会与大学生沟通交流,处理各项教育教学过程中出
现的问题和困难,从而快捷有效地完成大学生生态文明教育管理
工作中的各项任务。

3. 抓好专业职务和职称管理

抓好专业职务和职称管理是大学生生态文明教育管理队伍
专业化的又一体现。高校通过专业职务晋级和职称管理评定,对
大学生生态文明教育管理队伍中工作表现突出的工作人员进行
表彰和奖励,对未完成或工作不到位的工作人员,给予调整、降职
或调转。为了满足在新的历史条件下,对大学生生态文明教育管
理队伍工作的新要求,全面、客观、准确、实事求是地反映大学生
生态文明教育管理工作者的工作状况,应在总结历史工作以及职
务晋级和职称管理等方面经验的基础上,按照国家提出的对这支
队伍职业化、专业化的发展思路管理和建设好这支队伍。因此,
针对这支队伍必须统一标准,建立一套科学的成体系的职务晋级
和职称管理考核标准,公平客观地对这支队伍工作人员的工作效
果进行评价。

开展此项工作高校应本着坚持客观性、民主公开性、注重实
效性的原则,统一标准,将考核的内容、标准、方法和程序公之于
众,接受广大教师的监督、并征求意见,避免形式主义,严禁任何
形式的营私舞弊和弄虚作假行为,对从事此项工作的管理人员进

---

① 骆郁廷．思想政治教育引论[M]．北京:中国人民大学出版社,2018.

行考核。此外,针对大学生生态文明教育与管理工作者的专业职务考核还应从德、能、勤、绩四个方面展开:德即政治立场坚定,具有政治意识、大局意识、核心意识、看齐意识;热爱大学生生态文明教育工作,工作任劳任怨,具有奉献精神;终身学习,为人师表,严于律己,作风正派,办事公道;能够承担起大学生生态文明教育与管理的任务。能即具有较高的政治理论水平,具备大学生生态文明教育工作相关学科的宽口径知识储备,熟悉掌握大学生生态文明教育管理的相关规定;具有较强的组织管理能力和语言、文字表达能力及教育引导能力、调查研究能力等;具备一定的工作创新能力,积极创新大学生生态文明教育工作载体,主动探索新形势下大学生生态文明教育管理工作的新思路、新方法、新途径。勤即工作出勤情况好,能够认真履行教育管理工作职责,坚守工作岗位,按时参加学校、学院组织的各项会议及活动;能够经常深入学生,参与、组织学生活动,与学生交流,了解掌握学生有关生态文明以及环境保护方面的思想动态,针对学生关心的热点、焦点问题,及时进行教育和引导。绩即大学生生态文明教育与管理工作者的工作实绩,即完成的工作数量、质量和效果。有条件的高校还可以在评职称时为从事大学生生态文明教育与管理工作的教师单独设立评审标准,并给予一定的政策条件,鼓励高校教师积极从事此项工作。综上,将大学生生态文明教育工作者的考核结果与其职务晋升和职称评定结合起来,为高校大学生生态文明教育管理工作者的奖励、培训、辞退以及调整职务、级别和工资提供主要的依据,有利于激发这支队伍的工作积极性和创造性。

(二)发展性管理

现代大学生生态文明教育管理工作面对的是全球化、信息化、法治化的社会背景,尤其是我国当前处于全面建成小康社会的关键时期,党中央高度重视生态文明建设,从五位一体总体布局的战略高度,通过思想政治教育和生态文明教育提高全民族的生态文明意识和生态自觉,用制度来保护生态环境。因此,高校大学生生态文明教育管理工作者今后要想在工作上有所作为、大有发展,必须认真学习和落实国家的政策措施,做好自身素质的可持续发展工作,在提升自身素质的过程中增强本领。高校也必须重视大学生生态文明教育管理工作者的培训和终身学习工作,为今后高校大学生生态文明教育工作提供可持续发展的不竭动力。当前,高校大学生生态文明教育发展性管理要做好以下两方面的工作:

1. 师资队伍的培训提高

大学生生态文明教育管理队伍的培训,是指根据经济和社会发展的需要,按照职位的要求,通过各种形式,有组织地为提高大学生生态文明教育管理工作者政治和业务素质所进行的培训、训练活动。[①] 我们借鉴国外此项工作的师资培训情况可以了解到,1970 年,美国《国家环境教育法》规定对教师的培训事业进行资助,其中包括资金支持和相关环境资料和资源的提供。1990 年,《国家环境教育法》又对从事环境教育的教师培训做出了更加系统的规定。美国的环境教育培训不仅包括职前环境教育培训,还包括在职环境教育培训。当前,我国建立健全教师队伍的生态文明教育培训制度,提高高校从事生态文明教育与管理工作师资队伍的素质,对实现我国高校大学生生态文明教育管理的可持续发展尤为重要。为此,在培训过程中,要坚持理论联系实践、学以致用、讲求实效的原则,抓好教师职前培训、在职培训和日常培训三个环节,根据国家发展需要结合教师实际需要,建构合理的培训体系,制定科学的培训计划,选取与时俱进的培训内容,采取适当的培训形式,配备经验丰富的教师和相关领域的专家,并做好培训后的教师反馈和工作经验总结。突出培养大学生生态文明教育与管理师资队伍的生态责任意识、生态道德素养、生态文明观,指导他们学习生态环境保护知识、法律法规以及实践操作能力。

---

① 张耀灿、郑永廷、吴潜涛、骆郁廷等. 现代思想政治教育学[M]. 北京:人民出版社,2006.

综上,高校师资队伍的培训一定要有实效性,必须切实提高大学生生态文明教育与管理师资队伍的工作本领,使他们切实改变过去的传统环保思维,加强其服务奉献意识。此外,高校还应提升非专业教师即高校辅导员及相关职能部门负责人和工作人员的生态文明素质,从生态问题的了解学习入手,从文化、社会、政治、经济、科技、人文等方面出发,全方位地对专业教师及非专业教师进行生态文明知识及实施大学生生态文明教育管理方式方法等项内容的培训,加强专业教师与非专业教师的交流与合作,形成强大的大学生生态文明教育管理师资队伍生态文明意识培育的合力,为大学生生态文明教育与管理工作的顺利开展提供坚实的后盾。

2. 师资队伍的终身学习

高校大学生生态文明教育管理的对象,未来将是担负国家生态文明建设的重要人才。他们知识多、能力强、有创新意识,对未来国家的经济社会发展以及生态文明建设有更高的追求,因此,他们渴望学习和了解更多的知识,对高校参与大学生生态文明教育与管理的教师素质有更高的要求。这就决定着我国的大学生生态文明教育管理者必须由单一型向复合型人才转变,要通过不断学习与思考,增强知识才干,成为高校这一专业领域的教育管理人才。做到这一点,就要养成终身学习的习惯,《中国教育现代化 2035》提出了到 2035 年的八个发展目标,其中第一个就是"建成服务全民终身学习的现代化体系",并把"构建服务全民的终身学习体系"列为面向教育现代化的十大战略任务之一,足见"终身学习"所居的重要位置。① 现阶段,终身学习的社会作用主要体现在以下五个方面:第一,为了谋求对社会巨变的适应;第二,保持对社会巨变的警惕性;第三,争取掌握人类文明以及社会发展的主动权;第四,重视鼓励人的发展的可持续性;第五,实现促进人

---

① 史枫. 让全民终身学习奠基新时期强国梦想[J]. 北京宣武红旗业余大学学报,2019(02).

的全面发展的最终目标。大学生生态文明教育管理者的终身学习我们可以从以下四个方面来具体理解：第一，职前培训学习，为了使从事大学生生态文明教育与管理的教师兼备学科专业知识和生态文明素养，需要为他们提供职前培训学习。此项学习的主要内容是培育教育管理师资队伍的生态文明观念和实施生态文明教育的技能，具体实施可以根据教师的知识水平和能力水平的差异以及教师自身的特点，采取不同方式的训练和培训学习，培训学习过程应注重教师生态文明素养和教学工作实践的指导学习，从而提高教师的思想政治觉悟和教育教学的实践能力。第二，在职培训学习，为了使高校大学生生态文明教育管理者更加熟悉课程内容和教材以及各项管理工作的内容，在职培训学习多采用专题研讨会、硕博研究生继续教育、教师会议、人员交流、教师进修、科研课题研究等形式学习。专家和资深教师通过编写教学讲义、挖掘教材中的生态文明教育因素，准确把握教材内容，通过实践教学把握日常管理制度和工作流程。还可以采用讲座、研讨、科研小组、观摩示范课、实地调研等多种方式，由点到面推进教师深入学习生态文明教育管理的相关教育教学内容。第三，日常培训学习，高校还可以在日常的教学工作、管理工作以及组织学生活动的过程中，有计划地组织有关生态文明方面的学习，以此来不断强化大学生生态文明教育管理队伍的生态文明意识和环境保护习惯。第四，教育管理者的日常自主学习，这种学习不是为了应付考试和检查的一时学习，而是坚持不懈的长期学习。在教育管理者日常的生活和工作过程中，可以通过多重视角、广泛领域、全方位深入地学习领会有关生态文明的知识，这些知识可能来自于电视、网络、新闻、广告、书籍、社会现象等方面，广大教育管理者只有多思考、勤学习、终身学习才能真正从内心深处认可生态文明教育理念，其生态文明素养和生态文明习惯的养成才能取得实效。大学生生态文明管理者通过终身学习才能学会生存与共存，才能在知识价值凸现、科学技术不断进步、意识形态日新月异、政治经济更新变革的新时代，更加清醒地、与时俱进地充实完善自己,不被时代淘汰。

（三）动态性管理

马克思认为凡是有共同劳动的地方,就可以产生出个人的竞争性。竞争是调动人类一切潜能的动力。因此,我们可以把竞争理解为一个"公正的评判人",他可以使外在的压力转化为内在的动力,通过利益的变化调整激发人的活力。[①] 如果人有了动力和继续奋斗的活力,那么接下来就需要有接连不断的动力,激发他完成各项任务,这就需要引入激励机制。在新时代,我们要把竞争激励这一根本机制引入、贯穿于大学生生态文明教育与管理队伍的管理过程之中,改变以往教育管理过程中"干多干少一个样,干好干坏一个样"的工作情况,激发教育管理者的工作动力,推进大学生生态文明教育工作的顺利进行。因此,在高校大学生生态文明教育管理队伍的建设过程中,我们可以本着激励机制中全员性与全程性相结合、有效性与公平性相结合、物质性与精神性相结合、正向性与负向性相结合、外在性与内在性相结合、规范性与教育性相结合、个体性与整体性相结合、针对性与多样性相结合、适时性与适度性相结合、可持续与发展性相结合的原则[②],从不断吸收各类人才充实完善师资队伍、增加专兼职师资队伍的人员交流两方面入手,保持大学生生态文明教育管理队伍人员的正常流动,增强这支队伍发展的动态性,优化队伍结构,从而激发大学生生态文明教育教育管理工作队伍的生机与活力。

1. 不断吸收各类人才充实完善师资队伍

在当前社会主义生态文明进入新时代的条件下,如何建立一个合理的人才流动制度,激励广大大学生生态文明教育管理工作者深入开展理论研究、积累丰富经验、提升队伍的整体素质和工作水平,是增强其教育管理的活力和生机,稳定和优化这支队伍

① 季海菊. 高校生态德育论[M]. 南京:东南大学出版社,2011.
② 褚宏启、张新平. 教育管理学教程[M]. 北京:北京师范大学出版集团,2015.

的重要措施。一方面,由于教师退休、离职、调动以及校内外环境变化等原因,高校从事大学生生态文明教育与管理的师资队伍可能处于失衡状态,我们需要通过校外教师招聘,校内相关专业教师调动的方法来补充完善这支队伍,我们要做到使专职骨干队伍相对稳定。另一方面,我们也要通过工作绩效即教师在教育教学活动中对其所在的教育组织的教育教学任务的完成情况和教育教学目标的达成情况,以及在此过程中所表现出来的行为态度的总和对教育管理工作者进行教师评价。[①] 淘汰那些工作量少、科研量未达标、不适合从事大学生生态文明教育管理工作的人员,做到任人唯贤、优胜劣汰、合理用人,以提高大学生生态文明教育与管理队伍人员的整体形象。

在这里,做好教师招聘录用是提高队伍素质的重要一环。搞好选拔工作是建设队伍的前提和基础,在招聘录用的过程中,我们要切实坚持公开、平等、竞争、全面、择优原则,通过深入了解、全面考核、认真比较、谨慎筛选广揽人才,选贤任能,选出第一流的大学生生态文明教育与管理工作者。严格把好这一关,是大学生生态文明教育队伍建设和管理的关键。同时,高校还要出台相应的人才待遇和研究条件配备等配套政策,积极留住人才,吸引外流人才回流。在面向社会广揽英才的同时,高校还要认识到培养本校在职教师的重要性。第一,针对专职授课教师——在职教师尤其是年轻教师在从事有关生态文明教育、教学、科研以及硕博继续教育过程中,高校应给予一定的校内政策支持,鼓励这部分教师从事有关专业方向的学习研究,将收获成果、学成归来的教师在尊重个人意愿的前提下,调整到相应的工作岗位,发挥其更大的专业价值,使校内的高素质人才专业得其所用。第二,针对校内从事行政管理工作的教师,应通过脱产学习、在职培训、挂职锻炼、组织参观访问等多途径、多渠道进行,全面提高管理队伍自身素质。除了鼓励从事大学生生态文明教育管理工作队伍的

---

① 褚宏启、张新平．教育管理学教程[M]．北京:北京师范大学出版集团,2015.

骨干人员安心工作外,教育管理队伍要发展壮大,还应制定倾斜政策,吸引更多的优秀人才加入到这支队伍,高校领导决策层,应本着专业化、年轻化、知识化的标准,注意从中青年中选拔人才,配备到领导班子和各部门中去。对在大学生生态文明教育管理工作中表现突出、有显著成绩和贡献以及其他突出成绩的优秀人员要大胆选拔使用,及时安排到领导岗位上去工作,以便发挥更大的作用。①

综上,大学生生态文明教育管理队伍的人才吸收是一项系统的工程,在整个人才吸收和培养的过程中,首先要确立选拔和培养的目标和计划,根据目标推进的状况适时调整和完善选拔培养计划,并根据计划的执行情况进行定期的回顾和总结,以切实做到大学生生态文明教育管理人才选拔培养的科学性和合理性。只有严格把好这一关,确保高素质的人才进入大学生生态文明教育管理的队伍,才能在进一步培训的基础上构建第一流的大学生生态文明教育管理者队伍,才能使我国高校的大学生生态文明教育工作更好地开展。

2. 增加专兼职师资队伍的人员交流

针对当前高校大学生生态文明教育管理师资队伍建设的状况,各高校应建设专职教师与兼职教师、专职行政人员与兼职行政人员相结合的师资队伍。其中,从事这一领域工作的教师应具有多学科背景,高校应注重老、中、青三代教师以及专职和兼职教师的合理配比。目前,我国高校大学生生态文明教育管理队伍的教师职责还很不明确,一方面,从专业授课教师的工作角度来说,国内一些高校只有专业讲授生态学或环境工程等课程的专职教师,没有讲授有关大学生生态文明教育的公共课教师,大学生有关此项内容的课堂学习仅能从各高校马克思主义学院开设的思想政治教育理论课中涉及或是个别教师在授课过程中因课程内

---

① 张耀灿、郑永廷、吴潜涛、骆郁廷等. 现代思想政治教育学[M]. 北京:人民出版社,2006.

容有所涉及而简要介绍、部分高校开设的选修课也会有所涉及但不能惠及全体学生。总体来说,有关此项内容的教育工作,高校还没有形成体系或制定专门的授课计划来开设课程让学生共同学习。另一方面,从高校行政管理教师的工作角度来说,开展有关大学生生态文明教育的活动只能从个别部门的单项活动出发,例如在有关环境保护的纪念日开展系列教育活动或在团委下设的社团中开展系列生态环保教育活动,高校没有设置专门从事大学生生态文明教育的科室或部门,生态环保教育管理工作都是由这些非专业部门开展的或在辅导员的日常工作中进行的。

因此,各高校应从具有相关学科背景的教师中挑选专业骨干教师充实到从事大学生生态文明教育教学的师资队伍当中,适当增加教学经验丰富、专业学科知识基础扎实的教学前辈数量。补充专职教师和校外兼职教师的数量,尤其是校外从事生态环保工作的专家、学者、客座教授等,从专职教师和兼职外聘教师两个方面各取所长,通力配合,建设专职与兼职教师队伍相结合的大学生生态文明教育师资队伍,从而使大学生生态文明教育教学师资队伍的结构更加合理。同时,还要做好高校从事大学生生态文明教育管理工作人员的配备工作,配备专门科室或部门专项负责大学生生态文明教育的活动组织工作。

此外,还要做好兼职人员与专业人员的交流工作,既有利于调动更多的人来关心和参与意义重大的大学生生态文明教育活动,更有利于大学生生态文明教育与实践工作相结合。过去长时间的实践证明,兼职人员在大学生生态文明教育工作中发挥着专业人员起不到的巨大的特殊作用。因此,要使高校大学生生态文明教育管理工作顺利开展收到实效,就必须坚持兼职与专业人员交流的方法,坚持不懈地把大学生生态文明教育这项功在当代利在千秋的实践活动不断推向深入。

三、大学生生态文明教育管理的模式

我国的大学生生态文明教育刚刚兴起,自身的教育管理模式

还有待进一步的探索、实践和总结积累。我们可以通过总结大学生生态文明教育管理的模式为我国高校的大学生生态文明教育提供借鉴。当前,我国高校大学生生态文明教育管理的模式是指人们为了达到实现生态文明教育的目标和目的而采取的不同的教育管理方法、方式、途径的总结和归纳。由于我国有关大学生生态文明教育管理模式的研究起步较晚,国家对生态文明建设的高度重视,目前高校正在逐步推进此项工作,并形成了日趋完备且具有中国特色的大学生生态文明教育管理模式体系。接下来我们主要从以下三个方面来共同探讨一下我国大学生生态文明教育管理模式的具体内容。

(一)全面素质型管理

《中共中央国务院关于进一步加强和改进大学生思想政治教育的意见》指出,要以大学生全面发展为目标,深入进行素质教育,促进大学生思想道德素质、科学文化素质和健康素质协调发展,引导大学生勤于学习、善于创造、甘于奉献,成为有理想、有道德、有文化、有纪律的社会主义新人。[①]提高人的全面素质,促进社会的全面发展,实现人的全面而自由发展,这三者是紧密联系在一起的统一整体,是同一个问题的三个方面,其中,提高人的全面素质是关键。[②] 只有人的素质得到了普遍的提高,国家的科学技术才能得到进步、生产力才能大幅发展,最终实现社会的全面发展。实现大学生的全面发展教育主要包括大学生的思想道德素质教育、科学文化素质教育以及健康素质教育三个方面。所以,我国的大学生生态文明教育管理必须用高尚的人生观来启迪和引导学生,使大学生能够正确认识生态环境危机问题,规范个人的思想行为,不断提升自身的生态文明道德素养、生态文明科学文化素养,从而培养出更多以生态文明建设、促进生态环境可持

---

① 关于进一步加强和改进大学生思想政治教育的意见[Z].2004—10—15.
② 张耀灿、郑永廷、吴潜涛、骆郁廷等.现代思想政治教育学[M].北京:人民出版社,2006.

续发展为己任、献身我国环保事业、献身祖国富强文明和谐的时代新人。换句话说,只有不断提高广大大学生自身的生态文明素质,提高国民整体的生态文明素质,才能使人类自身的整体素质日臻完善和发展,才能促进社会的生态环境日益好转,实现人的全面、自由的发展。

全面素质型管理模式正是一种贯彻国家的全面发展教育思想,并将这一思想逐步转化为现实的新的教育管理模式。与过去只重视教育的政治功能或经济功能相比,全面素质型管理模式强调尊重人的本体价值,崇尚个性,健全人格,具有更大的务实性,最终目标是促进个体综合素质的全面发展与提高。换句话说,这种教育管理模式,强调教育管理以人为本,以人的全面自由发展为终极导向。它要求转变过去那种强调一般而忽视个别、强调集体而忽视个体、强调社会性而忽视自然性的弊端。① 把个人的本体价值的体现和综合素质的提高作为最后归宿,还将它的目标设立为全体国民的综合素质的提高和社会的全面发展。

全面素质型管理模式并不仅仅只是强调国民素质的提高依赖于个体,因为简单的个体相加并不等于一个整体,它需要以科学的理论和正确的管理原则加以指导和整合,以共同的理想与目标来联结和统一。因此,全面素质型管理模式既是培养共产主义新人的长远目标,也是促进社会主义物质文明和精神文明、生态文明发展的现实需要。

1. 思想素质教育管理模式

在大学生思想政治教育中,全面发展教育的基本内容包括思想道德素质、科学文化素质、健康素质三个方面的教育。其中,思想道德素质是指个体通过接受一定的教育和参加社会实践活动,经过独立自主、积极理性的思考后形成一定社会或阶级所要求的思想观念和道德准则,并自主、自觉与自愿地做出相应行为的素

---

① 张耀灿、郑永廷、吴潜涛、骆郁廷等. 现代思想政治教育学[M]. 北京:人民出版社,2006.

质与能力。一般来讲,大学生思想道德素质包括思想素质、政治素质和道德素质三个方面。[①] 针对大学生生态文明教育全面素质型管理模式的构建,我们可以从以下三个方面入手进行研究。

第一,大学生生态文明思想素质教育管理模式。大学生生态文明思想教育管理模式目的在于提高大学生的生态文明理论素养,帮助他们树立科学的生态文明观,掌握科学的保护生态环境的方法,培养大学生努力学习和全面掌握马克思列宁主义的基本原理以及我国从古至今的生态文明思想和国家的方针政策,教会他们自觉运用马克思主义理论的观点和方法认识世界、改造世界、解决实际问题的能力,使大学生具有扎实的生态马克思主义理论功底,增强大学生生态环保的创新意识,形成新时代需要的生态环保的思维方式和价值观念。

第二,大学生生态文明政治素质教育管理模式。大学生生态文明政治素质教育管理模式目的在于提高大学生生态环保的政治意识和政治觉悟,培养他们牢固树立社会主义、共产主义的理想信念,拥护党的领导和社会主义制度,增强大学生的民主法治观,形成有利于党和人民的政治认同和政治行为。[②] 这种教育管理模式的具体内容包括:一是从理想信念角度引导大学生树立中国特色社会主义共同理想和社会主义理想,为实现美丽中国梦而奋发向上、积极进取。二是从爱国主义教育的角度,让大学生了解我国自古以来从儒家、道家到佛家都强调的"天人合一""顺应自然""众生平等"等朴素的生态文明思想,以及中华人民共和国成立以来我国几代领导集体对国家生态环保工作的高度重视和做出的突出贡献,并深入学习新时代集中体现当代中国共产党历史使命、执政理念和责任担当的习近平生态文明思想的重要内容。这些优秀的历史文化传统和中华民族伟大的民族精神,不仅展现出了对子孙后代、对人民群众高度负责的责任和态度,还帮助大学生清醒地认识到保护生态环境、治理环境污染的紧迫性和

---

① 骆郁廷. 当代大学生思想政治教育[M]. 北京:中国人民大学出版社,2010.
② 同上.

重要性,同时更增强了他们的民族自尊心、自信心和自豪感,激励他们把满腔的爱国热情投入到我国新时代中国特色社会主义的建设中去。三是民主法治教育,目的在于帮助大学生树立民主法治观念,明确作为一个公民在生态环保方面的责任和义务,引导他们在我国生态文明建设过程中,要遵守国家的法律法规,自觉约束个人的违法行为,不能突破生态保护红线,并勇于同一切以牺牲生态环境为代价换取经济的一时发展或经济利益等违法行为做斗争。

　　第三,大学生生态文明道德素质教育管理模式。大学生生态文明道德素质教育管理模式目的在于提高大学生的生态道德认知能力,使他们掌握和内化生态道德规范,培养他们积极向上的生态道德情感和持久的践行生态文明观的能力,最终形成为社会所需要的生态道德品质,做一个理性的"生态人",肩负起大学生的历史使命。依据这一目标,大学生生态文明道德素质教育管理模式的具体内容包括:一是大学生基本生态道德规范教育。依据公民基本道德行为规范,首先要对大学生进行"爱国守法、明礼诚信、团结友善、勤俭自强、敬业奉献"的公民基本道德规范教育,使他们明确作为公民应遵守的基本道德规范。在此基础上,引导大学生增强生态道德意识,包括生态危机意识、生态责任意识、生态规则意识、生态共赢意识,培养大学生树立生态道德理念,包括生态价值理念、生态良心理念、生态善恶理念、生态正义理念、生态可持续发展理念、生态全球理念。[1] 在高校大学生生态文明教育与管理工作的过程中,不断将这些理念传授和影响他们,激发他们的生态观环保责任意识。二是社会公德、家庭美德教育。培养大学生以"文明礼貌、助人为乐、爱护公物、保护环境、遵纪守法"为主要内容的社会公德,以"尊老爱幼、男女平等、夫妻和睦、勤俭持家、邻里团结"为主要内容的家庭美德。[2]培养健康节俭的绿色消费方式,培育大学生理性环保的消费观念,从学校、社会、家庭

---

① 季海菊.高校生态德育论[M].南京:东南大学出版社,2011.
② 骆郁廷.当代大学生思想政治教育[M].北京:中国人民大学出版社,2010.

三个角度入手,杜绝大学生中的消费攀比或消费炫耀,形成艰苦奋斗、崇尚节俭、注重环保的绿色消费理念和生态道德意识。

2. 科学文化素质教育管理模式

科学文化素质教育包括科学素质教育和人文素质教育两个方面。从大学生生态文明科学文化素质教育的角度来讲,应重点培养大学生的生态文明科学精神和生态文明人文精神。因此,高校可以从以下两个角度来构建高校大学生生态环保科学文化素质教育管理模式。

第一,生态环保科学精神教育管理模式。大学生生态环保科学精神是大学生在从事生态环保教育过程中和生态环保科学实践过程中提炼出来的价值准则和行为规范。生态环保科学精神激励着大学生求实创新,不断推动我国生态文明建设向前发展。这种科学精神在高校大学生生态文明教育与管理工作的过程中体现为:一是培养大学生坚定不移的求真精神,即引导大学生充分认识到在有关生态文明研究的过程中,必须通过求真务实、开拓创新,付出辛勤的汗水,才会获得生态文明建设的成功。二是培养大学生尊重事实的务实精神,即在学习有关生态文明相关知识,从事生态环保实践活动过程中,只有尊重事实,从实际出发,坚持实践是检验真理的唯一标准,才能正确认识和处理解决我国生态文明建设过程中遇到的各种问题。三是培养大学生勇于批判的怀疑精神。怀疑是一切科学创造活动真正的出发点。[①]大学生只有在学习的过程中,在尊重事实的基础上,秉承求真务实的精神,在科学面前学会怀疑批判前人的学说,才能在生态文明建设研究领域获得进步和发展。四是培养大学生勇于开拓的创新精神。创新精神是一个国家和民族发展的不竭动力,培养大学生有关生态文明方面的创新精神就是要教育引导大学生在能够综合运用已有生态环保方面的知识、信息、技能和方法的基础上,通

---

① 骆郁廷. 当代大学生思想政治教育[M]. 北京:中国人民大学出版社,2010.

过学习和钻研,提出新的方法、新观点的思维能力和进行有关生态环保方面的发明创造、改革创新的意志、信心、勇气和智慧。构建大学生生态环保科学精神教育管理模式,重点要培养大学生提出新问题、解决新问题、得出新成果,从已知出发去探索未知的开拓创新精神。

第二,生态环保人文精神教育管理模式。人文精神是一个民族、一种文化的内在灵魂和生命,是贯穿在人们的思维和言行中的信仰、理想、价值取向、人格模式和审美情趣。[①] 生态环保人文精神教育管理模式是根据我国紧急社会发展需要和目前大学生生态文明素养的状况而确定的,主要包括两个方面的内容:一是大学生生态文明道德理念教育。这一教育管理模式主要是培养大学生爱自然环境如爱自己,热爱自然、保护环境、维护生态平衡的仁民爱物胸怀。在高校大学生生态文明教育与管理的过程中,还要注重培养大学生的生态忧患意识,面对我国生态资源环境问题日益严峻的形势,教育大学生要在身处顺境的时候,居安思危;身处逆境的时候,不要怨天尤人,要以一种积极乐观的人生态度,自强不息,百折不挠,勇往直前。二是体现终极关怀教育。终极关怀教育体现了人对超越有限、追求无限的一种渴望,它具体表现为理想和信念。高校大学生生态文明教育与管理工作的最终目标就是要引导大学生树立远大的共产主义理想,在社会主义生态文明建设事业中以自己有限的生命不断做出更大的贡献,实现无限的人生意义。

3. 健康素质教育管理模式

健康素质教育管理模式体现在大学生生态文明教育与管理过程中,主要是指注重培养大学生在接受生态文明教育与管理的过程中在认知、情感、意志方面所表现出来的坚持力、乐群性、独立性和适应性等。具体内容如下:第一,积极适应性教育管理模

---

① 骆郁廷. 当代大学生思想政治教育[M]. 北京:中国人民大学出版社,2010.

式。主要是通过高校有关生态文明方面的教育与管理,培养大学生适应环境的能力,引导他们掌握排解在学习有关生态文明知识方面以及社会实践方面遇到的心理困扰,使他们尽快适应学习、生活和工作,保持良好精神状态。第二,坚强意志教育管理模式。新时代,大学生大多成长在优越的环境里,吃穿不愁,出行乘车,养成了消费过剩、攀比心理。这些都会造成过度消费、资源浪费。对此,开展高校大学生生态文明教育与管理工作应注重构建培养大学生坚强意志教育管理模式,激发大学生以坚强的毅力和顽强精神去克服意志力薄弱、耐挫力差的心理和精神状态。增强大学生的艰苦奋斗精神和大局意识,理性客观面对各种物质生活诱惑,持之以恒、百折不挠地向这既定的生态环保目标前进。第三,人际交往教育管理模式。大学生生活在校园当中,不仅要与老师接触还要与同学们沟通与交流。和谐良好的人际关系一方面有助于促进大学生学习有关生态文明知识,另一方面,大学生在实践有关生态文明方面相关内容的过程中,可以通过与人和睦相处、学会沟通、互助和分享,达到高水平的自我实现,进而充分发挥自身在生态文明建设方面的聪明才干。

（二）民主制度型管理

大学生生态文明教育民主制度型管理是我国大学生生态文明教育管理的又一重要模式。大学生生态文明教育民主制度型管理,意味着当代大学生生态文明教育管理的内涵、大学生生态文明教育管理的过程更加民主化,我国大学生生态文明教育与管理工作的地位、宗旨、目的、原则、途径、手段、方法等,都具有了确定性、规范性、可操作性和稳定性,并对广大大学生的生态文明意识和生态环保不良行为形成约束力。这是由时代发展的趋势所决定的。

在现代社会条件下,随着社会化程度的不断提高,我国社会出现了经济成分、组织形式、就业方式、分配方式、生活方式、就业方式的多样化,受教育者的自主性、民主性的不断增强,各项制度规范运用得越来越广。这种趋势,使得民主法制的权威在社会生活中得以确立,有利于实施依法治国战略。这一战略具体体现在大学生生态文明教育管理领域,就是要确立为高校教育者与受教育者所认同的大学生生态文明教育管理制度,包括高校所执行的规范、政策等,并把这种制度和政策要求纳入高校大学生生态文明教育与管理的评估指标和评估体系,使之成为体现大学生价值和利益的载体,以形成我国高校大学生生态文明教育与管理制度的权威性。具体体现在以下两个方面:

其一,大学生生态文明教育的民主型管理。首先体现在在大学生生态文明教育与管理工作过程中教育主体即教师或教育管理者与教育客体即大学生之间的平等化。大学生生态文明教育主体和客体的关系是贯穿于大学生生态文明教育全过程的基本关系。过去,高校教育管理过程中这种主客体之间存在着某种不平等关系,似乎教育主体永远高于客体。现在,随着科技进步和社会的发展,教育者和受教育者之间的关系日益平等,同时教育者和受教育者获取信息的机会也日益均等,这就使得教育主客体在进行和接受生态文明教育的权利和义务日益平等,因此,这就意味着高校大学生生态文明教育管理的日趋民主。在大学生生态文明教育管理过程中应体现平等相待、换位思考的理念。其次体现在大学生生态文明教育与管理方法的民主化。大学生生态文明教育与管理方法的民主化就是在高校大学生生态文明教育与管理的过程中要充分发扬民主,广泛运用民主的方法来开展各项生态文明教育活动。具体表现在:一是教育与自我教育相结合。大学生生态文明教育工作既是高校教师进行教育的过程,又是大学生进行自我教育的过程。大学生的自我教育是以自身为主体进行的教育活动。高校教师在教育与管理的过程中可以不断引导大学生增强自我生态文明教育的自觉性、主动性、创造性,减少学习过程中的自发性、盲目性,提高大学生生态文明教育与管理工作的成效。同时在大学生生态文明教育与管理的过程中,把高校教师与管理者的主导作用和大学生的主动作用在平等的基础上结合起来,实现大学生生态文明教育与管理工作中大学生教育和自我教育的相互渗透、相互促进和相互转化。二是自律与他律相结合。大学生思想道德的形成与发展总是遵循着由无律、他律向自律的客观规律与趋势。大学生生态道德素质的发展也是这样。因此,高校在开展大学生生态文明教育与管理工作的过程中,必须把大学生教育与学习过程中的他律和自律结合起来。他律主要是法律、纪律、制度等对大学生自身形成的外在约束,他律主要是法律、纪律、制度等对大学生自身形成的外在约束,他律具有强制性。自律主要是内化的道德规范对大学生自身形成内在约束,自律具有自觉性。① 要充分发挥高校教育与管理过程中的法律、纪律和制度职能,帮助大学生形成由他律约束到自主自愿约束的生态环保自律意识。突出大学生的主体地位和思想觉悟,突出高校大学生生态文明教育与管理过程中民主化管理模式。

其二,大学生生态文明教育制度型管理模式。高校大学生生态文明教育与管理工作的顺利开展离不开相关制度的保障。当前,从国家层面和高校层面来看,亟待建立健全以下四项制度:一是建立健全国家有关生态政策和法规制度;二是建立健全学校管理保障制度;三是建立健全素质考评制度;四是建立健全教师培训制度。建立健全这些有关大学生生态文明教育与管理的相关制度,首先,有助于构建大学生生态文明教育制度性管理模式,发挥制度管理的权威性。正如康芒斯所说:"我们可把制度解释为'集体行动控制个体行动'",它"抑制、解放和扩张个体行动"。②制度的权威性是由民主性、平等性、规范性赋予的。也就是说,制度在大学生生态文明教育与管理工作过程中发挥着规范、约束教育者与受教育者的作用,它要求人人在制度面前平等,在高校大学生参与各项活动、高校教师参加有关大学生生态文明教育与管理工作的培训学习中,都必须遵守相应的制度和要求。其次,确立

---

① 骆郁廷. 当代大学生思想政治教育[M]. 北京:中国人民大学出版社,2010.
② (美)康芒斯. 制度经济学(上册)[M]. 于树生译. 北京:商务印书馆,1962.

大学生生态文明教育与管理制度的权威性还必须建立保障此项权威的各种机制。例如：在大学生素质考评制度中引入评价机制；在教师培训制度以及高校大学生生态文明教育管理保障制度中引入竞争机制和激励机制。对相应表现好、工作能力强的教师给予奖励及晋升机会，对能力差、素质差的进行通报批评和降职处理。最后，鼓励高校教育管理工作者和大学生关心参与相关制度的规范和目标工作，这些制度内容的要求是量化的、细化的，从工作范围、标准、程序到工作态度、责任、义务，都有明确规定，使人们能够看得见、摸得着，便于把握和执行。[①]有助于教育者和受教育者在具体的生态文明教育与管理过程中增强自我教育、自我约束、自我管理的自觉性，从而积极主动地参与到高校大学生生态文明教育与管理的工作中去。

　　总之，以往的大学生生态文明教育与管理的模式凸现的是利用组织、领导的权威而进行的灌输教育，而现代大学生生态文明教育与管理的模式凸现的则是利用制度权威而进行的自我教育。现代大学生生态文明教育与管理模式是一个教育与管理、教育管理与工作职责相结合的模式，是一个民主法制模式，也是一个群众参与模式。[②]

　　（三）网络技术型管理

　　近年来，随着网络技术的迅速发展和互联网的延伸，互联网作为一个全新的教育平台，成为继报纸、广播、电视之外的"第四媒体"，网络作为大众交流的新媒介，以其传播方式的双向交互性、传播手段的多媒体化、传播空间的全球化、传播的高效性以及传播者与受众身份的隐匿性等特点深受青年人特别是大学生的青睐。据 2019 年 2 月 28 日，中国互联网络信息中心（CNNIC）在京发布第 43 次《中国互联网络发展状况统计报告》（以下简称《报

---

①　张耀灿、郑永廷、吴潜涛、骆郁廷等．现代思想政治教育学［M］．北京：人民出版社，2006.

②　同上．

告》)显示,截至 2018 年 12 月,我国网民规模达 8.29 亿,普及率达 59.6%。我国手机网民规模达 8.17 亿,网民通过手机接入互联网的比例高达 98.6%。其中,使用电视上网的比例达 31.1%;使用台式电脑上网的比例为 48.0%。我国网民以中等教育水平的群体为主,初中、高中/中专/技校学历的网民占比分别为 38.7%和 24.5%,受过大学专科、大学本科及以上教育的网民占比分别为 8.7%和 9.9%。[①] 显然,大学生已经成为互联网固定的、忠实的、越来越大的受众市场。同时,网络作为一种手段和工具,为我国大学生生态文明教育与管理工作的发展提供了新的平台,对高校大学生的行为模式、心理发展、价值取向、政治态度、道德观念都产生着越来越大的影响。因此,高校应切实推进大学生生态文明教育与管理进网络工作,努力构建大学生生态文明教育与管理工作网络技术型管理模式,使之成为高校大学生生态文明教育管理的新领域。

1. 网络发展为大学生生态文明教育管理提供了新机遇

互联网的发展和普及为高校大学生生态文明教育与管理工作提供了超强的技术支持,拓展了此项工作的空间和渠道,极大地提升了大学生生态文明教育与管理工作的效率,同时也为此项工作的发展带来了更多的新机遇。具体表现为:一是网络上丰富多彩的共享信息为大学生生态文明教育与管理工作者提供了充足的可用的教育资源,同时也为在校大学生提供了学习交流的平台。高校可以利用网络平台的这一功能合理安排教学工作和管理工作,从而极大地提高大学生生态文明教育与管理工作的效率。二是互联网作为新的通信工具,依据其开放性、及时性、交互性等特点,使得教师与学生之间的交流更加便捷。教师可以利用网络平台将学生们关心的热点资源环境问题及时传递给他们,增进大学生对各项生态文明教育内容的直观认识。三是互联网的

---

① 第 43 次《中国互联网络发展状况统计报告》[EB/OL]. https://baijiahao.baidu. com/s? id=16267963772768857233&wfr=spider&for=pc.

便捷性扩展了大学生生态文明教育与管理工作的范围,丰富了管理的渠道,增加了教育与管理的影响力,缩短了教师与学生之间的心理距离,增强了此项工作的说服力和亲和力,有助于教育管理者采用更多形式满足受教育者多方面的需求,使得高校大学生生态文明教育与管理工作更加全面。

2. 网络技术为大学生生态文明教育管理带来了大挑战

网络技术的大发展,也给高校大学生生态文明教育与管理工作带来了极大的挑战。一是网络是一个虚拟的空间,人们的生活空间被"网"分离了,在这样的空间里信息的真假难辨、内容良莠不齐,使得网络世界的教育者与受教育者之间的互动关系变得异常复杂,如何能够趋利避害,高校大学生生态文明教育与管理工作在思想上、行动上和技术上都应做好充分的应对准备,弥补相对滞后的不利形势。二是由于当前网络的影响力和覆盖面都是前所未有的,大大地超越了以往大学生生态文明教育与管理工作的时效性和覆盖面。这也为此项工作增加了管理的困难和难度,同时也对从事此项工作的教师和管理工作人员提出了更高的要求。三是由于网络交往多采用匿名制和虚拟性的特点,使得因此网络信息管理工作变得异常复杂,也对大学生生态文明教育与管理工作的方式、体制和机制都提出了更高的要求。四是网络的负面影响,对大学生的生态文明精神价值和生态文明道德观念产生了极大的不良效果,也使大学生生态文明教育与管理工作面临着诸多的新情况和新问题。

3. 网络技术型管理的开发和运用

第一,建立大学生生态文明教育网站或专题网页,实现大学生大学生生态文明教育与管理工作的网络化。一是要做好高校大学生生态文明教育与管理工作必须占领网络阵地,采用正确、积极、健康、鲜活的生态文明教育内容,及时地向学生宣传有关生态文明方面的政策和热点问题,有针对性地做好学生的教育引导工作,及时纠正学生对生态文明问题的相关错误信息和言论。二是要充分利用网站资源,在校园 BBS 或手机 APP 平台上发表学生喜闻乐见的文章和权威网站的专题链接,组织学生在网络上学习国内外高校有关生态文明教育的公开课,实现网络的线上和线下有机整合式学习。

第二,大学生生态文明教育与管理工作还要注重网络建设管理的全面性和规范性。要重视包括网络终端化建设、网络维护与网络管理、网络安全方法、网络使用经常化和规范化、网络功能发掘和利用、网络人才培养和使用等方面的网络建设工作。[①]同时,高校大学生生态文明教育与管理工作的网络管理还要依据国家的有关法律规定,注重高校各部门的组织协调,充分调动各部门的全部效率。

第三,加强高校大学生生态文明教育与管理工作网络管理队伍建设。高校应努力培养一批既精通网络技术又掌握大学生生态文明教育与管理工作规律的管理人员。在管理队伍层面,这支队伍可以是专职的也可以是兼职的,可以设立专门的管理人员也可以安排各学院辅导员负责。在教师队伍层面,既可以有专家,又可以有各级领导,还可以是教师骨干。这些高校教育管理人员可以通过网络各级平台和教育渠道,及时向大学生传递学科前沿信息、明确生态文明教育舆论导向、解释相关教育管理的规章制度及政策、为学生答疑解惑,实现全方位的大学生生态文明教育与管理工作。

---

① 张耀灿、郑永廷、吴潜涛、骆郁廷等．现代思想政治教育学[M]．北京:人民出版社,2006.

附　录

大学生生态文明意识调查问卷

各位同学,您好! 本次调研活动旨在推进大学生生态文明意识的建构和落实,问卷采用无记名方式,请不必查阅资料,根据自己的实际情况进行勾选,您所填答的资料仅用于学术研究,我们绝对保密,请如实填写,不要遗漏。非常感谢!

1. 您所就读的学校:(填空题　＊必答)

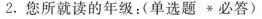

2. 您所就读的年级:(单选题　＊必答)

○ 本科一年级

○ 本科二年级

○ 本科三年级

○ 本科四年级

○ 本科五年级

○ 专科一年级

○ 专科二年级

○ 专科三年级

3. 您的性别:(单选题　＊必答)

○ 男

○ 女

4. 您了解"生态文明"吗?【单选题】(单选题　＊必答)

○ 非常了解

○ 知道得不多

○ 不了解

5. 您通过什么渠道了解生态环保知识和信息?【多选题】
(多选题 ＊必答)

□ 报纸/杂志/图书

□ 电视/广播

□ 互联网/手机短信

□ 标语或宣传活动

□ 课堂学习、讲座、培训等

□ 亲友/朋友的聊天

□ 其他渠道

6.“世界环境日”是哪一天?【单选题】(单选题 ＊必答)

○ 3 月 15 日

○ 4 月 22 日

○ 6 月 5 日

○ 没听说过

7.“PM2.5”是什么?【单选题】(单选题 ＊必答)

○ 悬浮颗粒物

○ 可吸入颗粒物

○ 可入肺颗粒物

○ 没听说过

8. 您认为去年冬天以来,全国多次大范围雾霾是什么原因?
【多选题】(多选题 ＊必答)

□ 汽车尾气

□ 工业生产

□ 冬季燃煤取暖

□ 空气不流动

□ 绿化不足

□ 外部污染物的输入

□ 地面灰尘大

□ 其他原因

9. 针对雾霾天气,您做了哪些应对措施?【多选题】（多选题　＊必答)

　　□ 没采取任何措施(勾选此项后,其他选项均不能勾选)

　　□ 佩戴 KN90 型或 N95 型口罩

　　□ 注意合理开门窗

　　□ 有针对性地调整饮食

　　□ 外出归来,立即清洗面部和裸露的肌肤

　　□ 减少户外活动

　　□ 其他措施

10. 环境问题举报电话是多少?【单选题】(单选题　＊必答)

　　○ 12369

　　○ 12315

　　○ 12365

　　○ 没听说过

11. 对于当前我国的环境状况,您怎么看?【单选题】(单选题　＊必答)

　　○ 十分担忧

　　○ 没什么可担心的

　　○ 无所谓,只要我不受害

　　○ 与我无关

12. 当前就您来看,对您生活影响最大的生态问题应该是?【单选题】(单选题　＊必答)

　　○ 饮食卫生问题

　　○ 饮水质量问题

　　○ 空气污染问题

　　○ 生活垃圾问题

　　○ 其他

13. 对喝的水和吃的食物,您会关注是否受到污染吗?【单选题】(单选题　＊必答)

　　○ 非常关注

○ 比较关注

○ 很少关注

○ 不关注

14. 您有"随手关灯和关水龙头"的习惯吗？【单选题】（单选题 ＊必答）

○ 总是

○ 有时候

○ 从不

15. 您平时关注核辐射、手机辐射、居家放射性污染等信息吗？【单选题】（单选题 ＊必答）

○ 非常关注

○ 比较关注

○ 很少关注

○ 不关注

16. 若您手中有垃圾却没有垃圾桶，您会如何处理？【单选题】（单选题 ＊必答）

○ 主动找垃圾桶

○ 拿着，直到看到垃圾桶

○ 随手扔掉

17. 您平时会为了抄近路而践踏草坪吗？【单选题】（单选题 ＊必答）

○ 经常

○ 有时

○ 从不

18. 当您用餐时，您经常会主动使用一次性餐具吗？【单选题】（单选题 ＊必答）

○ 经常

○ 偶尔

○ 完全不用

○ 没想过

19. 您有纸张双面使用的习惯吗?【单选题】(单选题 ＊必答)

　　○ 经常

　　○ 偶尔

　　○ 从不

20. 当您购物时,您会主动使用一次性塑料袋吗?【单选题】(单选题 ＊必答)

　　○ 经常

　　○ 偶尔

　　○ 完全不用

　　○ 没想过

21. 您会向身边的人宣传生态环保知识吗?【单选题】(单选题 ＊必答)

　　○ 经常

　　○ 有时

　　○ 从不

22. 如果发现了污染环境行为,您会怎么办?【单选题】(单选题 ＊必答)

　　○ 找环保部门反映

　　○ 视而不见,一走了之

　　○ 拨打 12369 热线反映问题

23. 您认为面对越来越严重的生态破坏最有效的保护措施是什么?【单选题】(单选题 ＊必答)

　　○ 专业部门采取积极措施来防治和治理生态破坏

　　○ 政府加大宣传和资金扶持力度

　　○ 提高人们的生态环境意识使之自觉维护

　　○ 制定严厉的法律来防治

　　○ 加大破坏的经济惩罚力度

　　○ 其他

24. 您对当前的校园生态环境满意吗?【单选题】(单选题 ＊

必答）

    ○ 非常满意

    ○ 基本满意

    ○ 没感觉

    ○ 极不满意

25. 您认为你们学校生态文明建设存在哪些问题？【多选题】
（多选题 ＊必答）

    □ 乱扔垃圾很普遍

    □ 破坏花草树木很普遍

    □ 水电浪费现象很普遍

    □ 食堂饭菜剩余现象普遍

    □ 滥用塑料袋和一次性碗筷现象普遍

    □ 校内来往车辆较多,存在安全隐患

    □ 其他

26. 您所在学校开设生态文明相关课程了吗？【单选题】（单
选题 ＊必答）

    ○ 有,且选修过

    ○ 有,但不感兴趣

    ○ 没有

    ○ 不清楚

27. 如果您所在学校开设相关课程,您希望课程内容是什么
样的？【单选题】（单选题 ＊必答）

    ○ 以理论教学为主

    ○ 以实践教学为主

    ○ 理论与实践结合

    ○ 不清楚

28. 您所在学校是否有以生态文明为主题的协会或社团？
【单选题】（单选题 ＊必答）

    ○ 有,且参加过

    ○ 有,但不感兴趣

○ 没有

○ 不清楚

29. 您所在学校组织过有关生态文明教育的活动吗？【单选题】（单选题 ＊必答）

○ 经常组织

○ 偶尔组织

○ 没有

○ 不清楚

30. 您认为要提高大学生生态文明意识和践行能力，最有效的举措是什么？【单选题】（单选题 ＊必答）

○ 增加生态文明相关教育课程

○ 通过参与生态环保社团组织感触

○ 加大校园生态环保监管和奖惩力度

○ 通过多种形式宣传教育

○ 通过良好的人文环境和生态环境感化

○ 其他措施

31. 谈谈您理想中的"美丽中国"是什么样？【填空题】（填空题）

————————————————————

结　　论

　　本研究的主要目的是在全球生态危机和我国进一步加强生态文明建设的大背景下,借鉴国内外生态文明教育的先进理念和科学成果,通过实证研究方法理清当前我国高校开展大学生生态文明教育与管理工作的现状及存在的问题,以新时代中国特色社会主义思想为理论指导并结合当代大学生全面发展的现实需要,形成切实可行的我国大学生生态文明教育教学与管理体系,为高等院校注入明确的教育导向,从而进一步提升大学生生态文明教育与管理的发展层次。

　　本书通过现有生态文明教育理论并结合我国高校教育理念的特征,经过深入研究与实证分析总结出以下成果:第一,生态文明教育属于思想政治教育的特殊范畴。"全面推行生态文明建设"这一要求提出,追根溯源是由于全球生态环境不断恶化,影响了人类正常的生活,造成了生态环境危机现象;人类为了保证生存质量,需减缓生态环境的恶化并不断加以改善,最终彻底解除生态危机,还人们一个美丽祥和的家园。但因世界各国所处地理环境和地区文化的差异性,其生态文明教育的模式存在着不同的特点。而我国生态危机的形成主要是由于公民的道德素养缺失造成的,而思想政治教育是指导人们形成正确思想行为的科学理论,它的目标是促进人的全面发展,其中最主要的是提高人们的思想道德素养,从而树立人与自然万物平等的生存理念,这也是成功建设社会主义生态文明的必要条件。因此,在我国具有中国特色社会主义制度下,高校开展大学生生态文明教育必须以马克思主义为基础理论指导,深入贯彻习近平新时代中国特色社会主义思想为行动指南,从而探索符合社会主义意识形态特征、适应我国建设发展需要的大学生生态文明教育模式。总之,将我国大学生生态文明教育纳入高校思想政治教育范畴,根据思想政治教育的成型教育模式,结合其紧跟时代步伐不断发展创新的教育特征,从而确定我国大学生生态文明教育的发展方向,是建设我国大学生生态文明教育体系的重要途径。第二,大学生生态文明教育与管理研究是加快生态文明建设的催化剂。大学生作为我国新时代建设具有中国特色社会主义的主力军,他们所属的道德层次不仅对我国高等教育整体成效的直面反馈,更能成为未来社会主义精神文明发展的风向标,进而影响着社会生态伦理环境。因此,在党和政府制定的"全面建成小康社会"战略引导下,针对大学生的生态文明教育必将成为加快生态文明建设的催化剂,同时形成生态意识、养成思维和行为习惯是时代对大学生提出的新要求,是大学生立足于世、造福社会的必备品质。第三,我国大学生生态文明教育与管理工作仍存在诸多问题。本书通过大量问卷调查和走访一些重点高校调研的手段,经过所得数据的分析透视,反映出我国大学生生态文明教育教学与管理过程中还存在比较严重的问题与不足。首先,从思想意识上看,一方面,大学生虽已具有一定的环保生态意识,且对建设美好生态环境及营造和谐社会产生强烈的意愿,但其自身的生态文明素养还存在缺陷,在日常生活中的生态文明意识呈现不连贯的片段性特征,大学生生态文明素养有待进一步提高。另一方面,高校对生态文明教育的重视程度还不够,教育重点仍然以生存技能为主,忽略了意识形态方面的教育,因此,高校须进一步加强大学生的生态文明教育力度。其次,从教育教学角度来看,大学生生态文明教育存在教育内容不够系统深入,教育方式方法不够科学缺乏多样性,教学实践不够全面深入等不足。另外,从外部辅助条件看,国家、社会、高校对于生态文明教育和生态文明教育管理的政策与资金支持力度不够,造成例如高校内缺少生态文明教育固定场所与设施,校园环境无法营造生态文化软环境,以及宣传力度不足等不利因素。面对大学生生态文明教育中所存在的种种问题,本书借鉴国外发达地区生态教育发展经验并结合我国现实国情特征，通过形成外部教育合力、改善教育教学模式、利用"多元化"辅助手段三个方面，构建一套全新的大学生生态文明教育教学体系和管理体系，使我国大学生全面提升生态文明素养，从而推动"美丽中国"的建设步伐，最终早日实现伟大的"中国梦"。

因受人、财、物等多种因素限制，本书面向的调研对象还不够广泛，无法发现我国高校在针对大学生教育教学中的全部问题，所构建的大学生生态文明教育教学体系和管理体系还存在缺陷。在今后对于大学生生态文明教育方法及手段还需要进行进一步挖掘，在大学生生态文明教育教学过程中，不断发现问题和解决问题，从而提升本书所论证理论的科学性，希望能够为我国今后的生态文明建设以及"美丽中国梦"的有效助力。

参考文献

著作类：

[1]马克思恩格斯文集(第 1 卷)[M].北京：人民出版社,2009.

[2]恩格斯.反杜林论[M].北京：人民出版社,1971.

[3]马克思资本论(第 1 卷)[M].北京：人民出版社,2004.

[4]马克思恩格斯全集(第 23 卷)[M].北京：人民出版社,1972.

[5]马克思恩格斯全集(第 42 卷)[M].北京：人民出版社,1979.

[6]马克思恩格斯选集(第 1 卷)[M].北京：人民出版社,1995.

[7]恩格斯.自然辩证法[M].北京：人民出版社,1971.

[8]马克思.1844 年经济学哲学手稿[M].北京：人民出版社,2000.

[9]毛泽东选集(第 2 卷)[M].北京：人民出版社,1991.

[10]江泽民.高举邓小平理论伟大旗帜,把建设有中国特色社会主义事业全面推向二十一世纪——在中国共产党第十五次全国代表大会上的报告[M].北京：人民出版社,1997.

[11]江泽民.全面建设小康社会,开创中国特色社会主义事业新局面——在中国共产党第十六次全国代表大会上的报告[M].北京：人民出版社,2002.

[12]胡锦涛.高举中国特色社会主义伟大旗帜,为夺取全面建设小康社会新胜利而奋斗——在中国共产党第十七次全国代表大会上的报告[M].北京：人民出版社,2007.

[13]胡锦涛.坚定不移沿着中国特色社会主义道路前进 为全面建成小康社会而奋斗——在中国共产党第十八次全国代表大会上的报告[M].北京：人民出版社,2012.

[14]习近平.决胜全面建成小康社会 夺取新时代中国特色

社会主义伟大胜利——在中国共产党第十九次全国代表大会上的报告[M].北京：人民出版社，2017.

[15] 中共中央文献研究室.习近平关于社会主义生态文明建设论述摘编[M].北京：中央文献出版社，2017.

[16] 中国大百科全书（第23卷）[M].北京：中国大百科全书出版社，2009.

[17] 黄楠森等.新编哲学大辞典[M].太原：山西教育出版社，1993.

[18] 廖福霖.生态文明建设理论与实践[M].北京：中国林业出版社，2001.

[19] 陈丽鸿、孙大勇.中国生态文明教育理论与实践[M].北京：中央翻译出版社，2009.

[20] 蒙秋明、李浩.大学生生态文明观教育与生态文明建设[M].成都：西南交通大学出版社，2010.

[21] 季海菊.高校生态德育论[M].南京：东南大学出版社，2011.

[22] 刘增惠.马克思主义生态思想及实践研究[M].北京：北京师范大学出版社，2010.

[23] 陆元炽.老子浅释[M].北京：北京古籍出版社，1987.

[24] 李娟.中国特色社会主义生态文明建设研究[M].北京：经济科学出版社，2013.

[25] 王学俭、宫长瑞.生态文明与公民意识[M].北京：人民出版社，2011.

[26] 袁继池.生态文明教育简明读本[M].武汉：华中科技大学出版社，2015.

[27] 刘永昌、初秀伟.生态伦理与节约型社会[M].北京：航空工业出版社，2010.

[28] 李军.走向生态文明新时代的科学化指南——学习习近平同志生态文明建设重要论述[M].北京：中国人民大学出版社，2015.

[29] 余谋昌.生态哲学[M].西安：陕西人民教育出版社，2000.

［30］刘晓君.微小的暴行:生活消费的环境影响［M］.北京:北京理工大学出版社,2015.

［31］祝怀新.环境教育论［M］.北京:中国环境科学出版社,2002.

［32］王春益.生态文明与美丽中国梦［M］.北京:社会科学文献出版社,2014.

［33］曾建平.寻归绿色——生态道德教育［M］.北京:人民出版社,2004.

［34］曾文婷.生态学马克思主义研究［M］.重庆:重庆出版社,2008.

［35］张耀灿.现代思想政治教育学［M］.北京:人民出版社,2006.

［36］余谋昌.生态文明论［M］.北京:中央编译出版社,2010.

［37］余谋昌.环境哲学——生态文明的理论基础［M］.北京:中国环境科学出版社,2007.

［38］姚燕.生态马克思主义和历史唯物主义:九十年代以来生态马克思主义的思考［M］.北京:光明日报出版社,2010.

［39］刘铮.生态文明意识培养［M］.上海:上海交通大学出版社,2012.

［40］陈寿朋.生态文化建设论［M］.北京:中央文献出版社,2007.

［41］徐辉、祝怀新.国际环境教育的理论与实践［M］.北京:人民教育出版社,1996.

［42］俞可平.生态文明与马克思主义［M］.北京:中央编译出版社,2008.

［43］刘思华.生态马克思主义经济学原理［M］.北京:人民出版社,2006.

［44］陈万柏、张耀灿.思想政治教育学原理(第三版)［M］.北京:高等教育出版社,2018.

［45］褚宏启、张新平.教育管理学教程［M］.北京:北京师范

大学出版集团,2015.

　　[46] 骆郁廷.当代大学生思想政治教育[M].北京:中国人民大学出版社,2010.

　　[47] (美)康芒斯.制度经济学(上册)[M].于树生译.北京:商务印书馆,1962.

　　[48] (美)赫伯特·马尔库塞.单向度的人——发达工业社会意识形态研究[M].刘继译.上海:上海译文出版社,2006.

　　[49] (美)霍尔姆斯·罗尔斯顿.环境伦理学[M].杨通进译.北京:中国社会科学出版社,2000.

　　[50] (英)赫胥黎.进化论与伦理学[M].宋启林等译.北京:北京大学出版社出版,2010.

　　[51] (法)阿尔贝特·施韦泽.敬畏生命[M].陈泽环译.上海:上海人民出版社,2017.

　　[52] (美)奥尔多·利奥波德.沙乡年鉴[M].王铁铭译.桂林:广西师范大学出版社,2014.

　　[53] (美)保罗·沃伦·泰勒.尊重自然:一种环境伦理学理论[M].雷毅译.北京:首都师范大学出版社,2010.

　　[54] (澳)彼德·辛格.动物解放[M].孟祥森等译.青岛:青岛出版社,2004.

　　[55] (美)雷切尔·卡逊.寂静的春天[M].吕瑞兰等译.长春:吉林人民出版社,1997.

　　[56] (英)乔伊·帕尔默.21世纪的环境教育[M].北京:中国轻工业出版社,2002.

　　[57] 多位首席科学家及政治家.苏联大百科全书[M].北京:人民出版社、三联书店,1950.

　　[58] (美)拉娜·德索尼.人与自然:我们星球的未来[M].上海:上海科技教育出版社,2011.

　　[59] (英)艾沃·古德森.环境教育的诞生[M].贺晓星译.上海:华东师范大学出版社,2001.

　　[60] (加)威廉·莱斯.自然的控制[M].岳长龄译.重庆:重

庆出版社,2007.

[61] (美)梭罗.瓦尔登湖[M].徐迟译.长春:吉林人民出版社,1999.

[62] (美)约翰·贝拉米·福斯特.马克思的生态学——唯物主义与自然[M].刘仁胜、肖峰译.北京:高等教育出版社,2006.

[63] (英)乔纳森·休斯.21世纪国外马克思主义研究译丛:生态与历史唯物主义[M].张晓琼译.南京:江苏人民出版社,2011.

[64] (英)戴维·佩珀.现代环境主文导论[M].宋玉波、朱丹琼译.上海:格致出版社,上海人民出版社,2011.

[65] (美)丹尼斯·梅多斯等.增长的极限[M].李涛译.北京:机械工业出版社,2013.

[66] (美)詹姆斯·奥康纳.自然的理由——生态学马克思主义研究[M].唐正东、臧佩洪译.南京:南京大学出版社,2003.

[67] (美)戴维·佩珀.生态社会主义:从深生态学到社会正义[M].刘颖译.济南:山东大学出版社,2012.

[68] (印)萨拉·萨卡.生态社会主义还是生态资本主.张淑兰译[M].济南:山东大学出版社,2012.

[69] (加)本·阿格尔.西方马克思主义概论[M].慎之等译.北京:人民大学出版社,1991.

[70] (美)纳什.大自然的权利[M].杨通进译.青岛:青岛出版社,1999.

[71] (美)巴里·康芒纳.封闭的循环[M].侯文蕙译.长春:吉林人民出版社,1997.

[72] (日)岩佐茂.环境的思想——环境保护与马克思主义的结合处[M].韩立新译.北京:中央编译出版社,2006.

[73] (美)塞缪尔·亨廷顿.文明的冲突与世界秩序的重建[M].北京:新华出版社,2010.

[74] (美)世界环境与发展委员会.我们共同的未来[M].长春:吉林人民出版社,1997.

[75] (美)阿尔·戈尔.濒临失衡的地球——生态与人类精神

[M].陈嘉映等译.北京:中央编译出版社,1997.

　　[76](英)安东尼·基登斯.气候变化的政治[M].曹荣湘译.北京:社会科学文献出版社,2009.

　　[77](美)史蒂芬·P.罗宾斯、玛丽·库尔特.管理学[M].孙健敏等译.北京:中国人民大学出版社,2008.

　　期刊类:

　　[1]习近平向生态文明贵阳国际论坛2013年年会致贺信强调"携手共建生态良好的地球美好家园"[J].吉林环境,2013(05).

　　[2]张博强.略论大学生生态文明教育[J].思想政治研究,2013(06).

　　[3]张乐民.当代大学生生态文明教育论析[J].中国成人教育,2016(10).

　　[4]邱有华.思想政治教育视域下的大学生生态文明教育[J].思想理论教育,2014(07).

　　[5]俞白桦.关于加强高校生态文明建设的思考[J].思想理论教育导刊,2008(11).

　　[6]刘建伟.高校开展大学生生态文明教育的必要性及对策[J].教育探索,2008(06).

　　[7]罗贤宇、俞白桦.价值塑造:协同推进高校生态文明教育[J].教育理论与实践,2017(15).

　　[8]周晓阳、胡哲.我国大学生生态文明教育存在的主要问题及其原因分析[J].中国电力教育,2013(28).

　　[9]胡可人.大学生生态文明教育现状及存在的问题分析[J].职业教育,2017(06).

　　[10]毛启刚.浅议大学生生态文明教育现状及其建议[J].新课程研究(中旬刊),2017(05).

　　[11]陈海滨.新时期大学生生态文明教育探究[J].辽宁医学院学报(社会科学版),2015(01).

　　[12]李定庆.系统论视角下的大学生生态文明教育研究[J].

思想理论教育导刊,2014(11).

[13] 陈仁秀.浅析"美丽中国"视域下大学生生态文明观教育[J].改革与开放,2018(02).

[14] 张琼、陈颉.大学生生态文明教育素质评价实证研究[J].教育学术月刊,2018(01).

[15] 黄正福.美丽中国视野下高校生态文明教育探究[J].成人教育,2014(03).

[16] 李龙强、李桂丽.生态文明概念形成过程及背景探析[J].山东理工大学学报(社会科学版),2011(11).

[17] 杜昌建.绿色发展理念下的学校生态文明教育[J].思想政治课教学,2016(08).

[18] 柳礼泉、阳可婧.大学生对绿色发展理念认同的逻辑进路[J].思想教育研究,2017(02).

[19] 庄友刚.准确把握绿色发展理念的科学规定性[J].中国特色社会主义,2016(01).

[20] 卢霞辉.践行科学发展观促进大学生全面发展[J].思想教育研究,2008(07).

[21] 熊晓琳、马超林.马克思"人的全面发展"思想在当代中国的发展与实践[J].学校党建与思想教育,2017(10).

[22] 黄建顺."大学生全面发展"目标及其实现——兼论思想政治教育、素质教育与高等教育的关系[J].福州大学学报(哲学社会科学版),2005(04).

[23] 徐星美.大学生全面发展的内涵及其诠释[J].江苏高教,2014(06).

[24] 李爱玲.加强生态价值观教育　促进大学生全面发展[J].学术论坛,2008(07).

[25] 韩治国、王艳丽."知行合一"德育理念的内涵及其实施途径[J].肇庆学院学报,2017(06).

[26] 周璇、何善亮."知行合一"理念的现代意蕴及其教学实现路径[J].江苏教育研究,2017(34).

[27] 陆韵."知行合一"视角下高校思想政治理论课教学中的生态观渗透研究[J].高教研究与实践,2016(02).

[28] 黄宇.中国环境教育的发展与方向[J].教育与教学研究,2003(02).

[29] 薛雷.当代大学生"互联网＋生态文明教育"模式及运行探究[J].长春师范大学学报,2016(08).

[30] 段伟伟、焦嘉程.当代大学生生态文明教育路径探析[J].江苏高教,2013(06).

[31] 王雨辰.西方生态学马克思主义的定义域与问题域[J].汉江评论,2007(02).

[32] 李雪松、孙博文、吴萍.习近平生态文明建设思想研究[J].湖南社会科学,2016(03).

[33] 史枫.让全民终身学习奠基新时期强国梦想[J].北京宣武红旗业余大学学报,2019(02).

[34] (美)汤姆·雷根.关于动物权利的激进的平等主义观点[J].哲学译丛,2000(02).

[35] David Arnold. Ecological ethics：an introduction[J]. Green Letters,2013,17(1).

[36] Elina Aitama. Ethical problems in nursing management：The role of codes of ethics [J]. Nursing Ethics,2010,17(4).

[37] Mary Beth Armstrong. Ethics education in accounting：moving toward ethical motivation and ethical behavior [J]. Journal of Accounting Education,2002(01).

[38] Minteer,Ben A. Geoengineering and Ecological Ethics in the Anthropocene [J]. Bioscience,2012,62(10).

[39] Nabin Baral. Mick Smith：Against Ecological Sovereignty：Ethics,Biopolitics,and Saving the Natural World [J]. Human Ecology,2012,40(6).

[40] Riitta Suhonen. Organization ethics：A literature review [J]. Nursing Ethics,2011,18(3).

[41] Wei-li Fu. Authentic moral conflicts and students' moral development [J]. Frontiers of Education in China, 2006(03).

硕博论文:

[1] 沙莎. 高校生态文明教育研究——基于思想政治教育新视角[D]. 西南财经大学, 2012.

[2] 温婧馨. 大学生生态文明教育初探[D]. 华北电力大学, 2015.

[3] 王荣. 大学生生态道德教育存在的问题及对策[D]. 华东师范大学, 2014.

[4] 金国玉. "美丽中国"语境下加强大学生生态道德教育的研究[D]. 北方民族大学, 2014.

[5] 单良. 大学生生态教育对策研究[D]. 长春师范大学, 2014.

[6] 范梦. 思想政治教育视野下大学生生态文明教育研究[D]. 中国矿业大学, 2017.

[7] 邓艳梅. "美丽中国"视野下大学生生态文明教育研究[D]. 西南石油大学, 2014.

[8] 陈美华. 大学生思想教育管理坚持"以人为本"的理性思考角[D]. 福建师范大学, 2006.

[9] 国玉杰. 大学生思想政治教育管理存在的问题及对策研究[D]. 牡丹江师范学院, 2015.

[10] 张德明. 大学生思想政治教育管理载体研究[D]. 中国石油大学, 2014.

[11] 许海元. 大学生心理资本积累及其教育管理对策研究[D]. 中国矿业大学, 2016.

[12] 夏民. 法治理念下大学生教育管理创新研究[D]. 南京师范大学, 2014.

[13] 冯爱芹. 高校思想政治教育目标管理研究[D]. 南京财经大学, 2011.

[14] 王小阳. 高校学生思想政治教育科学管理研究[D]. 东

北大学,2013.

　　[15]兰海洁.基于政府职能视角的大学生心理健康教育管理研究[D].南京航空航天大学,2017.

　　[16]马新平.论当代大学生思想政治教育管理[D].华中师范大学,2006.

　　[17]吴婷婷.思想政治教育决策科学化研究[D].安徽师范大学,2013.

　　[18]赵君.新时期我国高校思想政治教育管理队伍建设研究[D].华中师范大学,2008.

　　[19]赵振华.新形势下高校学生教育管理探究[D].中国石油大学,2011.

意见类:

　　[1]高校思想政治教育工作质量提升工程实施纲要[Z].2017.

　　[2]关于进一步加强和改进大学生思想政治教育的意见[Z].2004.

　　[3]国家教育事业发展"十三五"规划[Z].2017.

　　[4]联合国人类环境会议.人类环境宣言[Z].1972.

　　[5]联合国环境与发展大会.21世纪议程[Z].1992.

　　[6]可持续消费的政策因素[Z].1994.

　　[7]关于加强和改进新形势下高校思想政治工作的意见[Z].2016.

报告类:

　　[1]习近平同志在全国高校思想政治工作会议上讲话[R].2016-12-7.

　　[2]政府间气候变化专门委员会.气候变化2013:自然科学基础[R].2013.

　　[3]中华人民共和国环境保护部.全国环境宣传教育行动纲要(2016—2020年)[R].2016-4-6.

　　[4]中华人民共和国环境保护部.2016中国环境状况公报[R].2017-5-31.

[5] Key Findings and Advance Tables. World Population Prospects The 2015 Revision [R]. 2015.

网址：

[1] http：//www. zhb. gov. cn/gkml/hbb/qt/201602/t20160204_329886. htm.

[2] https：//baijiahao. baidu. com/s? id=1626796377276857233&wfr=spider&for=pc.